DAS ÖSTERREICHISCHE LEBENSMITTELBUCH
CODEX ALIMENTARIUS AUSTRIACUS

II. Auflage

Herausgegeben vom Bundesministerium für soziale Verwaltung,
Volksgesundheitsamt, im Einvernehmen mit der Kommission zur
Herausgabe des österreichischen Lebensmittelbuches

Vorsitzender: o. ö. Prof. Dr. Franz Zaribnicky

XXVIII.–XXXII. HEFT

KOCHSALZ
REFERENTEN: MINISTERIALRAT MAXIMILIAN FIZIA,
REGIERUNGSRAT DR. VINZENZ FRITSCH †

FLEISCHEXTRAKTE UND ÄHNLICHE PRÄPARATE
REFERENT: HOFRAT I. P. DR. KARL MICKO

FISCHE
REFERENTEN: PROFESSOR DR. JOSEF FIEBIGER,
REGIERUNGSRAT DR. VIKTOR PIETSCHMANN

LURCHE UND KRIECHTIERE
REFERENT: REGIERUNGSRAT DR. VIKTOR PIETSCHMANN

KRUSTENTIERE UND WEICHTIERE
REFERENT: OBERSTAATSBIBLIOTHEKAR DR. ALOIS ROGENHOFER

Springer-Verlag Wien GmbH 1932

ISBN 978-3-662-42885-6   ISBN 978-3-662-43171-9 (eBook)
DOI 10.1007/978-3-662-43171-9

DAS ÖSTERREICHISCHE LEBENSMITTELBUCH
CODEX ALIMENTARIUS AUSTRIACUS

II. Auflage

Herausgegeben vom Bundesministerium für soziale Verwaltung,
Volksgesundheitsamt, im Einvernehmen mit der Kommission zur
Herausgabe des österreichischen Lebensmittelbuches

Vorsitzender: o. ö. Prof. Dr. Franz Zaribnicky

XXVIII.

Kochsalz

Referenten: Ministerialrat *Maximilian Fizia* (Bundesministerium für
soziale Verwaltung), Regierungsrat Dr. *Vinzenz Fritsch* †

Die Gewinnung des Kochsalzes (Chlornatrium), bzw. der Verkehr
mit diesem ist aus mehrfachen Gesichtspunkten teils durch generelle
Normen, teils durch Spezialvorschriften gesetzlich geregelt, und zwar

a) aus dem Gesichtspunkte des Bergregales,

b) „ „ „ „ Staatsmonopolwesens,

c) „ „ „ „ Zollwesens,

d) „ „ „ der sanitären Lebensmittelkontrolle.

Für das Lebensmittelbuch kommt in Anbetracht seines Zweckes
lediglich letzterer Gesichtspunkt in Betracht. In dieser Hinsicht unterliegt die Erzeugung des Kochsalzes und der Verkehr mit diesem dem
Gesetze vom 16. Jänner 1896, RGBl. Nr. 89 vom Jahre 1897 („Lebensmittelgesetz"), und der Ministerialverordnung vom 13. Oktober 1897,
RGBl. Nr. 235, womit „Bestimmungen über die Erzeugung oder Zu-
richtung von Eß- und Trinkgeschirren, dann Geschirren und Geräten,
die zur Aufbewahrung von Lebensmitteln oder zur Verwendung bei
denselben bestimmt sind, sowie über den Verkehr mit denselben" erlassen wurden.

Die übrigen hinsichtlich der gesetzlichen Regelung der Salzgewinnung und des Verkehres mit Kochsalz obwaltenden Gesichtspunkte kommen für das Lebensmittelbuch nicht eigentlich in Betracht; dennoch sei hierüber in Kürze Folgendes erwähnt:

ad a) und b): Das Kochsalz, dessen Erzeugung und Verkauf auch
schon in früheren Jahrhunderten fast ausschließlich dem Staate als
„Regal" vorbehalten war, unterliegt gegenwärtig gemäß § 3 des allgemeinen Berggesetzes vom 23. Mai 1854, RGBl. Nr. 146, dem Berg-
regale. Zugleich ist es Gegenstand eines Staatsmonopoles. Seine
Gewinnung wird demnach sowohl durch das allgemeine Berggesetz als
auch durch die Zoll- und Staatsmonopolordnung (Kais. Patent vom
11. Juli 1835, Pol. G. Slg., Bd. 63, Nr. 113) in der Weise geregelt, daß

ersteres subsidiär hinsichtlich jener Belange zur Anwendung kommt, die in der Monopolordnung nicht geregelt sind.

Hiernach ist alles auf oder unter der Oberfläche des Bundesgebietes von der Natur erzeugte, im reinen Zustande oder im Gemenge mit anderen Stoffen vorhandene Kochsalz ausschließliches Bundeseigentum; niemand darf daher ohne besondere gefällsbehördliche Bewilligung Salz, salzhaltige Erden oder andere salzhaltige Mineralien graben, Salzquellen eröffnen, Salz aus dessen chemischen Grundlagen erzeugen, es aus Wasser, Erden oder anderen Mineralien ausscheiden, und zwar auch dann nicht, wenn das Salzwasser aus salzhaltigen Quellen geschöpft oder durch Vermengung süßen Wassers mit Salz (auch wenn dieses aus den Salzgefällsniederlagen herrührte) dargestellt wurde oder das Salz sich als Rückstand eines Gewerbsverfahrens ergab; ferner darf ohne gefällsbehördliche Bewilligung niemand Kochsalz von fremden Bestandteilen durch Anwendung der Scheidekunst läutern. Auch das mit gefällsbehördlicher Bewilligung gewonnene Kochsalz ist vollständig an die Niederlagen des Salzgefälles gegen angemessene Vergütung abzuliefern. Der Benützer bzw. Eigentümer eines Grundstückes, auf dem eine Salzquelle, ein Salzlager oder Kochsalz im gediegenen Zustande oder im Gemenge mit anderen Stoffen entdeckt wird, oder auf dem eine Salzquelle entsteht oder eine süße Quelle Kochsalz zu führen anfängt, ist verpflichtet, hievon die Anzeige an die Gefällsbehörde zu erstatten. Die Gefällsbehörden sind berechtigt, Salzquellen, welche sie zur Benützung für den Bundesschatz nicht geeignet finden, verschlagen oder auf andere angemessene Art zur Benützung des im Quellwasser enthaltenen Salzes unbrauchbar machen zu lassen. Die Gefällsbehörden sind auch berechtigt, überall wo Salzquellen bestehen oder Salz auf oder unter dem Boden zu finden ist, Salzwerke zu errichten und die Abtretung der hiezu erforderlichen Grundstücke und Gebäude gegen Schadloshaltung der Eigentümer zu fordern. Kochsalz, das sich als Rückstand oder Nebenerzeugnis anderer Produktionsprozesse, insbesondere bei der Bereitung oder Läuterung des Salpeters (Art. II des Kais. Patentes v. 31. März 1853, RGBl. Nr. 90) ergibt, ist gegen Vergütung an den Bund vollständig abzuliefern oder (bei schlechter Beschaffenheit — sofern dem Erzeuger die Verbindlichkeit der Ablieferung nicht erlassen wird —) zu jeder Verwendung unbrauchbar zu machen. Privaten ist es ferner verboten, ohne besondere Bewilligung Salzwasser aus salzhaltigen Quellen mit mehr als $1,5\%$ Kochsalzgehalt zu schöpfen.

Hinsichtlich der Kalisalze bestehen keine besonderen Bestimmungen. Da sie aber nur in Verbindung mit Steinsalz vorkommen, unterliegen sie ebenfalls dem Staatsmonopole.

Übertretungen obiger Vorschriften werden nach dem Gefällsstrafgesetze (Kais. Patent vom 11. Juli 1835, Pol. G.-Slg., Bd. 63, Nr. 112) geahndet.

ad c): Was die Ein- und Durchfuhr von Kochsalz in bzw. durch das österreichische Bundesgebiet anbelangt, so gelten hiefür besondere Bestimmungen, welche in der Beilage zu § 21 der Zollvollzugsanweisung vom 20. Juni 1920, StGBl. Nr. 251 (in der Fassung der Ministerialverordnung vom 1. Jänner 1925, BGBl. Nr. 5), verlautbart sind. Hiernach ist die Ein- und Durchfuhr von Kochsalz sowohl in unvermengtem Zustande (Stein-, Sud- und Meersalz), auch chemisch rein, wie auch vermengt mit anderen Stoffen (Viehsalz, Salzlaugen, Salzsolen) der Tarifnummer 496, insoweit solche Gemenge nicht in eine andere Nummer des Zolltarifes eingereiht sind, dann von natürlichen und künstlichen festen kochsalzhaltigen Quellenprodukten zu Heil- und wissenschaftlichen Zwecken der Tarifnummer 497 an die Bewilligung des Bundesministeriums für Finanzen gebunden; ausgenommen sind chemisch reines Kochsalz, Salzlaugen und Salzsolen der Tarifnummer 496 sowie feste kochsalzhaltige Quellprodukte der Tarifnummer 497 beim Bezuge durch Apotheken, wissenschaftliche Institute, öffentliche Krankenhäuser und Laboratorien sowie Materialwarengroßhändler; der Bezug dieser Stoffe bedarf diesfalls einer besonderen monopolsbehördlichen Einfuhrbewilligung nicht. Weitere Sonderbestimmungen gelten für die Durchfuhr deutschen Salzes auf der Donau und für die Durchfuhr von Kreuznacher Mutterlauge und Staßfurter Abraumsalzen. Diese Sonderbestimmungen sind ebenfalls in der Beilage zu § 21 der Zollvollzugsanweisung enthalten. In diesem Zusammenhange ist auch auf die einschlägigen Bestimmungen des Zolltarifgesetzes vom 5. September 1924, BGBl. Nr. 445, zu verweisen.

Nebst dem Zolle ist bei der Einfuhr von Salz über die Zollinie noch die besondere Lizenzgebühr (Monopolabgabe), und zwar für Speisesalz im Ausmaße der hiefür festgesetzten Tarifpreise (siehe folgenden Absatz), für andere Salzsorten im Ausmaße des für „loses Sudsalz" festgesetzten Tarifpreises zu entrichten; doch kann der Bundesminister für Finanzen die Herabsetzung oder Nachsicht des Zolles und der Monopolabgabe bei ber Einfuhr von ausländischem Fabriks- und Viehsalz unter besonderen Bedingungen und Kontrollen von Fall zu Fall gestatten. (Gesetz vom 24. März 1920, StGBl. Nr. 152, und Anmerkung zur Tarif-Post 496 des Zolltarifgesetzes vom 5. September 1924, BGBl. Nr. 445.)

Die Salzverschleißpreise und die neben dem Zolle zu entrichtende Monopolabgabe wurden zuletzt mit den Ministerialverordnungen vom 28. Juli 1923, BGBl. Nr. 469, und vom 27. Mai 1924, BGBl. Nr. 173, und der Kundmachung vom 12. Juni 1931, BGBl. Nr. 150, festgesetzt. Hiebei werden folgende Sorten unterschieden: Speisesalz, Viehsalz, Fabrikssalz, Dungsalz und Sole (Mutterlauge). Für Fabrikssalz können Preisermäßigungen gewährt werden. Über die Nachzahlung im Falle einer Erhöhung der Salzverschleißpreise enthält das Bundesgesetz vom 19. Juli 1923, BGBl. Nr. 408, die entsprechenden Vorschriften; Durchführungsbestimmungen zu diesem Gesetze wurden durch die Ministerialverordnung vom 23. Juli 1923, BGBl. Nr. 409, getroffen.

Das Gesetz vom 23. Dezember 1896, RGBl. Nr. 237, und die Durchführungs-Verordnung vom 23. Dezember 1896, RGBl. Nr. 238, enthalten besondere Bestimmungen über die Verabfolgung von Viehsalz zu ermäßigtem Preis.

Im Privathandel mit Salz dürfen nur die für solchen Verkehr jeweilig bestimmten, an den berufenen Niederlagsorten um die bemessenen allgemeinen Preise käuflichen Salzgattungen vertrieben werden. Der Vertrieb und Verbrauch anderer Salzgattungen, von Gemengen der erwähnten Salzgattungen, von salzhaltigen Abfällen und fremden Stoffen ohne besondere Bewilligung des Bundesministeriums für Finanzen ist untersagt. (Ministerialverordnungen vom 9. September 1879, RGBl. Nr. 124, und vom 21. Oktober 1895, RGBl. Nr. 159.)

Zahlreiche andere einschlägige Bestimmungen entziehen sich der Darstellung in diesem Zusammenhange, da sie nur Detailfragen regeln.

Schließlich wird noch aus dem Gesichtspunkte des Gewerberechtes darauf hingewiesen, daß durch Artikel VIII des Kundmachungspatentes zur Gewerbeordnung (Kaiserl. Patent vom 20. Dez. 1859, RGBl. Nr. 227) u. a. auch bezüglich des Salzverschleißes die bestehenden Vorschriften ausdrücklich aufrecht erhalten wurden, und daß gemäß § 12, lit. p, des kais. Patentes vom 4. Sept. 1852, RGBl. Nr. 252, die Gegenstände eines Staatsmonopoles, also auch das Kochsalz, vom Hausierhandel ausgeschlossen sind.

1. Beschreibung

Unter „Kochsalz" oder „Salz" schlechtweg versteht man das durch Salinenbetrieb, durch bergmännischen Abbau, durch Verdunstenlassen von Meerwasser oder auch als Nebenprodukt in der chemischen Industrie, zum Beispiel bei der Salpeterfabrikation („Konversionssalz") gewonnene Chlornatrium. Es braucht nicht ganz rein („chemisch rein") zu sein, darf aber doch nur so wenig Beimengungen fremder Stoffe enthalten, daß sein Geschmack nicht fremdartig ist und daß sein Genuß weder die Gesundheit schädigt, noch Ekel erregt. Bei Zusatz von Magnesiumsalzen zur Erhaltung der Streufähigkeit von „feinstem Tafelsalz" darf der Gehalt an solchen Salzen nicht mehr als 1,5% (berechnet als Magnesiummetall) betragen.

Je nach der Gewinnungsart unterscheidet man Sudsalz, Steinsalz und Meersalz. Für Speisezwecke kommt in erster Linie das inländische Sudsalz in Betracht, das man entweder in losem Zustande oder in Form von gepreßten Blöcken (Salzstöcken) im Handel antrifft.

Nach dem Wegfall der karpathischen Salzlagerstätten und der Seesalinen Istriens und Dalmatiens kommen für Österreich nur die alpinen Gebiete in Betracht, und zwar die Lagerstätten von Bad Aussee,

Hallstatt, Bad Ischl, Hallein und Hall i. T. Zum Unterschiede von den galizischen Salzlagern kommt hier das Salz in reinem Zustande nur in geringen Mengen vor, so daß ein trockener Abbau nur in geringem Ausmaße erfolgen kann. Das salzführende Gebirge besteht vielmehr aus einem breccienartigen Gemenge von Steinsalz mit Ton, Mergel, Gips, Anhydrit und Polyhalit, dem sogenannten „Haselgebirge", so daß die Salzgewinnung im Salinenbetrieb durch Eindampfen der im Sink- oder Laugwerksbetrieb gewonnenen Salzsole erfolgen muß. Das Versieden der Sole erfolgt in offenen Pfannen oder in Vakuumapparaten.

Von dem hier allein in Betracht kommenden Speisesalz werden in der Kundmachung des Bundesministeriums für Finanzen vom 12. Juni 1931, BGBl. Nr. 150, unterschieden:

1. Feinstes Tafelsalz.
2. Tafelsalz.
3. Geformtes Sudsalz (Formsalz).
4. Loses Sudsalz (Blanksalz).

Die Salzarten 1 bis 4 kommen jodiert und nichtjodiert in den Handel.

Feinstes Tafelsalz ist ein nach besonderem Verfahren hergestelltes, sehr feines Tafelsalz, dem durch Zusatz gewisser erlaubter Stoffe (wie Magnesiumoxyd, phosphorsaurem Kalk usw.) die wasseranziehende Eigenschaft genommen wird. Dieses Salz kommt in Originalpackung ab Saline in den Verkehr.

Tafelsalz ist ein im Vakuumapparat gewonnenes, sehr fein kristallisiertes Speisesalz.

Geformtes Sudsalz (Formsalz) kommt in Form gepreßter Zylinder (Salzstöckel) von ungefähr 20 kg in den Verkehr.[1])

Loses Sudsalz (Blanksalz) ist das beim Pfannenbetrieb anfallende, von der Mutterlauge befreite, auf Plandörren oder in Trockentrommeln getrocknete Salz, das eine grobkörnigere Beschaffenheit als das Tafelsalz hat.

Jodiertes Kochsalz wird durch innige Vermengung von Kochsalz mit Jodkalium im Verhältnis von 5 Milligramm Jodkalium auf 1 Kilogramm Kochsalz gewonnen. Das jodierte Kochsalz enthält sonach 0,0005 Prozent Jodkalium. Der Jodgehalt unterliegt infolge von unvermeidbaren Jodverlusten Schwankungen. Das jodierte Kochsalz ist durch die Verschiedenheit der Verpackung besonders kenntlich gemacht (s. S. 8).

2. Probeentnahme

Zur Untersuchung von losem Salz ist ein Durchschnittsmuster von 200 g erforderlich. Von Zylindersalz empfiehlt es sich, ein größeres

---

[1]) In Niederösterreich, Oberösterreich und Steiermark wird geformtes Sudsalz auch als „Füderlsalz" bezeichnet.

Probestück zu entnehmen, das sowohl die Außenseite als auch die inneren Partien deutlich erkennen läßt.

3. Untersuchung

Die Untersuchung umfaßt:

a) Die Sinnenprüfung,

b) die Bestimmung des Wasser- und Chlornatriumgehaltes,

c) die Bestimmung der erlaubten Zusätze,

d) die Bestimmung der normalen Verunreinigungen,

e) die Bestimmung der absichtlichen Zusätze (Denaturierungsmittel) und

f) die Prüfung auf gesundheitsschädliche Metallverbindungen.

a) Sinnenprüfung

Die Sinnenprüfung erfolgt nach Aussehen, Geruch und Geschmack. Das zum menschlichen Genusse bestimmte Kochsalz soll nach erfolgter Pulverisierung reinweiß, trocken und geruchlos sein. Es darf, in Wasser gelöst, keinen erheblichen Bodensatz hinterlassen, muß einen rein salzigen Geschmack haben und neutral reagieren. Leichte Trübungen müssen auf Zusatz einiger Tropfen Salzsäure verschwinden.

b) Wasser, Chlornatrium usw.

Bei der Untersuchung verfährt man nach den allgemeinen Grundsätzen der chemischen Analyse. Bei der Berechnung des Chlornatriumgehaltes ist zunächst die etwa vorhandene Salpetersäure an Kalium, der Rest an Natrium zu binden. Die gefundene Schwefelsäure wird der Reihe nach an Kalzium, Kalium und Natrium gebunden, ein verbleibender Rest von Kalium sowie das vorhandene Magnesium an Chlor. Aus dem übrigbleibenden Chlor ergibt sich dann das Chlornatrium.

c) Bestimmung der erlaubten Zusätze

Zum Nachweis und zur quantitativen Bestimmung von Magnesiumoxyd und phosphorsaurem Kalk bedient man sich der allgemein gebräuchlichen analytischen Methoden. Zur Jodbestimmung im jodierten Kochsalz werden nach *Winkler*[1]) 50 g Kochsalz in ungefähr 240 ccm Wasser gelöst, die Lösung aufgekocht und durch ein eisenfreies Filter filtriert; nach dem Abkühlen werden 10 ccm n-Salzsäure und 10 ccm Chlorwasser hinzugegeben. Das Chlorwasser muß ungefähr 0,3 bis 0,4% Chlor enthalten, demnach frisch bereitet und gesättigt sein. Nach fünf Minuten langem Stehen wird die Flüssigkeit zum Sieden erhitzt und fünf Minuten im Sieden erhalten, bis alles

---

[1]) Chemiker-Zeitung, 1909, S. 1316.

überschüssige Chlor verjagt ist; nach dem Abkühlen setzt man einige Krystalle Jodkalium und 2 bis 3 ccm verdünnter Salzsäure zu und titriert das ausgeschiedene Jod mit 0,0 ln-Natriumthiosulfatlösung. Durch Multiplikation der verbrauchten Kubikzentimeter 0,0 ln-Thiosulfatlösung mit dem Faktor 5,533 erhält man die Menge (in Milligrammen) des in 1 kg des Speisesalzes enthaltenen Jodkaliums.

d) Normale Verunreinigungen

Als normale Verunreinigungen sind anzusehen: Brom, Kalzium, Magnesium, Kalium, Schwefelsäure, ferner bei Konversionssalz aus der Salpeterfabrikation: Jod, Salpetersäure und Perchlorsäure.[1]) Zu den normalen Verunreinigungen gehören auch die unlöslichen Beimengungen. Sie bestehen in der Hauptsache aus Ton, Sand und eventuell Gips. Zu ihrer Bestimmung werden 50 g des fein zerriebenen Salzes in einem Liter Wasser in der Wärme gelöst; nach dem Absetzenlassen wird die Lösung durch ein gewogenes Papier- oder Asbestfilter filtriert, dieses mit ungefähr 100 ccm heißem Wasser gewaschen, bei 100 Graden Celsius bis zum konstanten Gewicht getrocknet und dann gewogen. Bei Anwesenheit größerer Mengen von Gips oder von Anhydrit kann sich Kalziumsulfat auch im unlöslichen Rückstande vorfinden. In diesem Falle ist letzterer mit Salzsäure auszukochen und der in der Säure gelöste Gips zusammen mit dem in die wässerige Lösung übergegangenen Anteil zu bestimmen.

e) Denaturierungsmittel

Die Denaturierungsmittel sind, soweit sie sich nicht schon durch den Geruch und Geschmack zu erkennen geben, durch die quantitative Bestimmung der betreffenden Bestandteile zu ermitteln. Dabei ist zu berücksichtigen, daß ihre Menge infolge von Beimischung reinen Salzes auch geringer sein kann als der ursprünglichen Denaturierung entspricht. Als Denaturierungsmittel kommen hauptsächlich in Betracht: Ruß, Petroleum, unlösliche Stoffe, wie Eisenoxyd und getrocknetes Wermutkraut (nur bei Viehsalz), ferner Glaubersalz, Alaun, Bittersalz, Tonerdesulfat, Farbstoffe usw.[2])

f) Gesundheitsschädliche Metallverbindungen

Zur qualitativen Prüfung auf gesundheitsschädliche Metallverbindungen, und zwar hauptsächlich auf Arsen, Kupfer, Blei und Zink,

---

[1]) Der qualitative Nachweis der Perchlorsäure erfolgt mittels Rubidiumchlorid, die quantitative Bestimmung durch Ermittlung des Chlorgehaltes vor und nach dem Glühen (Zeitschrift für analytische Chemie, 1898, S. 4 und 501.

[2]) Man vergleiche in dieser Richtung: Archiv für Chemie und Mikroskopie in ihrer Anwendung auf den öffentlichen Verwaltungsdienst, 1908, S. 148.

sind 50 g des Salzes anzuwenden; für eine eventuell erforderliche quantitative Bestimmung, wenn nötig, eine größere Menge. Zum Nachweis und zur quantitativen Bestimmung dienen die allgemein gebräuchlichen Methoden der analytischen Chemie.

4. Beurteilung

Giftige Metallverbindungen enthaltendes und mit denaturiertem Salz vermischtes Speisesalz ist als gesundheitsschädlich zu beanstanden, Bromverbindungen nur in Spuren zu dulden.

Kochsalz mit einem höheren Wassergehalt als 7 Prozent, bezogen auf die Originalsubstanz, fällt unter die Kategorie der verdorbenen Waren im Sinne des Gesetzes vom 16. Jänner 1896, RGBl. Nr. 89 ex 1897.

Der Gehalt an Chlornatrium muß mindestens 94 Prozent der Trockensubstanz betragen. Der Gehalt an Magnesium darf, abgesehen vom „feinsten Tafelsalz", 1,0 Prozent, als Magnesiumchlorid berechnet, der bei Konversionssalz vorkommende Gehalt an Salpetersäure 1 Prozent, als Natriumnitrat berechnet, nicht übersteigen. Sämtliche vorstehende Zahlen beziehen sich auf Trockensubstanz. Kochsalz, dessen Beschaffenheit diesen Grundsätzen widerspricht, ist je nach dem Grade der ihm anhaftenden Mängel minderwertig oder verfälscht. Bei „feinstem Tafelsalz" und jodiertem Kochsalz sind bei der Beurteilung die erlaubten Zusätze zu beachten. Kochsalz, dessen Beschaffenheit der Bezeichnung nicht entspricht, ist als falsch bezeichnet zu beanstanden.

5. Regelung des Verkehres

Bei der Versendung, Lagerung und Abgabe des zu Speisezwecken dienenden Salzes muß darauf Rücksicht genommen werden, daß die Sendungen vor Feuchtigkeit, mechanischen und zufälligen Verunreinigungen und vor der Einwirkung von Geruchstoffen möglichst geschützt sind. Es wird besonders auf folgende Momente zu achten sein:

1. Der Gebrauch offen versendeter Salzstücke ist möglichst zu vermeiden.

2. Tafelsalz wird in Säcken zu 50 kg und in Papierkartons zu $^1/_2$ kg in Verkehr gebracht. Die Papierkartons für „Jodiertes feinstes Tafelsalz" sind blau, für „Jodiertes Tafelsalz" grün, für „Feinstes Tafelsalz ohne Jodzusatz" rot und für „Tafelsalz ohne Jodzusatz" orange. Blanksalz wird nur in Säcken zu 50 kg in Verkehr gebracht. Sämtliche Säcke, welche Speisesalz (Tafelsalz oder Blanksalz) mit Jodzusatz enthalten, sind durch einen roten, eingewebten Streifen kenntlich gemacht.

3. Als zweckmäßigste Verpackung des Kochsalzes ist die des Pakettafelsalzes zu bezeichnen, das jetzt von der Monopolverwaltung in einer zum unmittelbaren Kleinverkauf geeigneten Form geliefert wird.

4. Bei Versendung von Kochsalz, sei es verpackt, sei es in Salzstöcken, ist darauf zu achten, daß eine Verunreinigung durch Desinfektionsmittel und andere Stoffe (Abfallstoffe, Lohe, Kalk u. dgl.) sowie das Anziehen übler Gerüche hintangehalten wird. Außerdem ist besondere Aufmerksamkeit auf das Wasseranziehungsvermögen des Salzes zu richten.

5. Im Kleinhandel ist das Salz vor Feuchtigkeit geschützt und derart aufzubewahren sowie bei Umpackungen so zu behandeln, daß Verunreinigungen überhaupt nicht erfolgen können.

6. Die Verwendung von Salzsägen aus Packfong oder Messing kann zu sanitär bedenklichen Verunreinigungen (S. 7) Anlaß geben.

6. Verwertung von beanstandetem Kochsalz

Feucht gewordenes Kochsalz kann zur Bereitung von Salzlake dienen oder durch Darren wieder getrocknet werden. Kochsalz, das seiner übrigen Beschaffenheit nach dem Lebensmittelgesetz nicht entspricht, läßt sich für industrielle Zwecke als Fabrikssalz verwenden.

Experten: *Generaldirektion* der österr. Salinen, und Kom.-Rat *J. Hofeneder*.

XXIX.

Fleischextrakte und ähnliche Präparate

Referent: Hofrat i. P. Dr. *Karl Micko*

In Ermanglung besonderer gesetzlicher Vorschriften über den Verkehr mit Waren dieser Gruppe sind lediglich die allgemeinen gesetzlichen Vorschriften, wie sie in dem Gesetze vom 16. Jänner 1896, RGBl. Nr. 89 von 1897, dem „Lebensmittelgesetze", niedergelegt sind, anzuwenden.

Die Anforderungen an die Beschaffenheit der zur Abfüllung verwendeten Gefäße (Tiegel, Tuben) und des Umhüllungsmaterials (Stanniol, Aluminiumfolie) sind in den Bestimmungen der Ministerialverordnungen vom 13. Oktober 1897, RGBl. Nr. 235, und vom 17. Juli 1906, RGBl. Nr. 142, festgelegt.

1. Beschreibung

Zu den Waren dieser Art gehören außer dem eigentlichen Fleischextrakt die Suppenwürfel, gewisse Speisen- und Suppenwürzen und die Saucen.

A. Fleischextrakt

Fleischextrakt ist der von den gerinnbaren Eiweißkörpern befreite und mehr oder weniger eingedampfte, wässerige Auszug des Muskelfleisches der Hornviehklasse. Im wesentlichen laufen die Herstellungsverfahren darauf hinaus, daß man das von den Sehnen und dem Fett möglichst befreite und dann zerkleinerte Fleisch mit Wasser auslaugt und die bei dieser Gelegenheit in Lösung gehenden Eiweißkörper durch Gerinnung in der Wärme aus der Flüssigkeit entfernt. Oder man behandelt das zerkleinerte Fleisch gleich mit heißem Wasser und bringt so die in kaltem Wasser löslichen Eiweißkörper zur Gerinnung, ehe sie sich auflösen können. Das Fleisch darf aber mit dem heißen Wasser nicht längere Zeit in Berührung bleiben, weil sonst aus dem Bindegewebe Leim entsteht, der in Lösung geht und den Wert des Produktes herabsetzt. Erzeugungsländer sind hauptsächlich Südamerika und auch Australien, das wichtigste Ausgangsmaterial ist Rindfleisch. Es kommen sowohl flüssige Präparate als eingedickte Extrakte in den Handel.

Der Fleischextrakt ist von gelbbrauner bis dunkelbrauner Farbe und hat einen ihm eigentümlichen Geruch und Geschmack. Warme Lösungen riechen und schmecken zwar nicht genau wie frisch bereitete Fleischbrühe, ähneln ihr aber doch in den wichtigsten Eigenschaften sehr. Gute Ware löst sich in Wasser entweder völlig klar auf oder gibt eine nur schwach trübe, gelb bis dunkelbraune Lösung. Die konzentrierten Brühen aus Fleischextrakt dürfen nicht gelatinieren oder nennenswerte Mengen unlöslicher oder gerinnbarer Stoffe oder Fett enthalten. Die Reaktion der normalen Ware ist deutlich sauer. Die organische Substanz des Fleischextraktes setzt sich vorwiegend zusammen aus stickstoffhaltigen Körpern wie Albumosen, nukleinartigen Körpern und Fleischbasen. Als wichtigste Vertreter dieser letzteren sind Kreatin und Kreatinin zu nennen, die zugleich für den Fleischextrakt charakteristisch sind. Die Xanthinkörper finden sich im Fleischextrakt teils frei, teils in chemisch gebundener Form; die Hauptrolle spielt das Hypoxanthin. Gelatinierender Leim soll sich gar nicht oder nur in Spuren nachweisen lassen, dagegen finden sich unter den mit Zinksulfat aussalzbaren Stoffen, den Albumosen, Körper, die zum Azidglutin oder zu den Gelatosen in naher Beziehung stehen. Einen beträchtlichen Teil der organischen Substanz stellen hochmolekular zusammengesetzte, bisher unerforschte stickstoffhaltige Körper dar. Peptone, welche die Biuretreaktion geben, finden sich im Fleischextrakt in nur sehr geringen, oft kaum mehr sicher nachweisbaren Mengen.

Nach den vorliegenden Erfahrungen dürfen vom gesamten, in Fleischextrakt enthaltenen Stickstoff nicht mehr als 25 Prozent in Form von Eiweißkörpern zugegen sein, die sich durch Zinksulfat aussalzen lassen und nicht mehr als 5 Prozent in Form von Ammoniak. Die Menge des Gesamtstickstoffes soll mindestens 14 Prozent vom Gewichte der fettfreien organischen Substanz und mindestens 8 Prozent des Extraktes betragen. Das chemische Hauptkennzeichen des Fleischextraktes ist sein Gehalt an Kreatin und dessen Anhydrid, dem Kreatinin, das sich während der Bereitung und Lagerung des Extraktes aus dem ursprünglich allein vorhandenen Kreatin bildet. Der Gesamtkreatininstickstoff muß mindestens 16 Prozent des Gesamtstickstoffes ausmachen. Die Menge des Stickstoffes in Form von Xanthinbasen schwankt zwischen 6 und 9 Prozent des Gesamtstickstoffes.

Von den stickstofffreien organischen Substanzen sind Fleischmilchsäure, Bernsteinsäure, Glykogen und Inosit zu nennen. Die Asche besteht vorwiegend aus Phosphaten der Alkalien. Phosphor und Schwefel sind zum Teil organisch gebunden.

Die gebräuchliche pastenförmige Ware darf höchstens 25 Prozent Wasser und, bezogen auf Trockensubstanz, nicht mehr als 27 Prozent Asche enthalten. Der Chlorgehalt, berechnet als Chlornatrium, darf 20 Prozent der Asche nicht übersteigen. Fleischextrakte, die noch mehr Chlor in der Asche enthalten, müssen als „mit Kochsalz versetzt" bezeichnet werden. Doch darf der Kochsalzgehalt nicht mehr als

12 Prozent der Trockensubstanz ausmachen. Der Gehalt an Fett soll 0,6 Prozent der Trockensubstanz nicht übersteigen.

Flüssige Fleischextrakte müssen mindestens 50 Prozent Trockenrückstand aufweisen. Die Zusammensetzung ihrer Trockensubstanz muß der der pastenförmigen Fleischextrakte entsprechen. Fleischextrakt darf höchstens nur Spuren unlöslicher Stoffe (Fleischmehl und dergleichen) oder gerinnbarer Eiweißkörper enthalten.

Unzulässige Zusätze sind Fleischmehl, Hefeextrakte, Stärke, Dextrin, Zucker, Glyzerin, Salpeter und andere Streckungs- und Beschwerungsmittel, ferner Farbstoffe und Konservierungsmittel.

Verdorbene Ware ist an der starken Trübung der Lösung, der alkalischen Reaktion und dem widerlichen Geschmack und Geruch oder auch bitterem Geschmack, in luftdicht verschlossenen Dosen mitunter an der „Bombage" kenntlich.

Fleischextrakt kommt in Tiegeln, Dosen und Tuben in den Handel.

B. Rindsuppen-, Fleischsuppen-, Suppenwürfel

1. Rindsuppenwürfel

Rindsuppenwürfel bestehen aus einem getrockneten Gemenge von Rindfleischextrakt, Rinderfett, Kochsalz, Suppenwürze (S. 13) und auch Gewürz. In bezug auf ihre chemische Zusammensetzung müssen sie folgenden Anforderungen entsprechen:

Der Gesamtstickstoff muß mindestens 3 Prozent, der Gesamtkreatininstickstoff mindestens 0,45 Prozent betragen. Der in Wasser unlösliche, fettfreie, organische Rückstand darf höchstens zu 2 Prozent, Chlor, berechnet als Chlornatrium, höchstens zu 65 Prozent, „Sand" höchstens zu 0,2 Prozent vorhanden sein.

Die Verwendung von Mehl, Stärke, Zucker und ähnlichen, den Wert der Ware herabsetzenden, ebenso von anderen, eine bessere Qualität der Ware vortäuschenden Zusätzen, wie etwa von Teerfarbstoffen oder von Konservierungsmitteln außer Kochsalz, ist unzulässig. Stoffe, welche *Fehling*sche Lösung direkt oder nach der Inversion reduzieren, dürfen nur in geringen Mengen, wie sie etwa von Gemüseauszügen oder Gemüsezusätzen herrühren, vorhanden sein.

In der Industrie hat sich das Mindestgewicht von 4 g für den Würfel eingebürgert. Es soll daher das Durchschnittsgewicht aus 10 Würfeln (ohne Umhüllung) mindestens 4 g betragen.

Die Lösung eines Würfels von 4 g in 250 ccm heißen Wassers muß im Geruch und Geschmack ein der Rindsuppe ähnliches, fast klares oder nur wenig getrübtes Getränk ergeben.

2. Fleischsuppenwürfel

Die als „Fleischsuppenwürfel" bezeichneten Präparate können mit einem anderen Fleischextrakt als Rindfleischextrakt erzeugt werden, der aber aus dem Fleische schlachtbarer Haustiere stammen muß. Das Fett muß tierischer Natur sein.

Bei Würfeln, die nach einer bestimmten Tierart, wie z. B. Hühnersuppenwürfel, benannt sind, muß das Fett ebenfalls tierischer Herkunft sein. Vom Fleischextrakt und Fett der diesbezüglichen Tierart müssen solche Mengen enthalten sein, daß die Lösung der Würfel in warmem Wasser den Geruch und Geschmack der aus dem frischen Fleisch derselben Tierart zubereiteten Suppe in ausreichendem Maße auch dann aufweist, wenn bei der Erzeugung Rindfleischextrakt mit zur Verwendung gelangt.

Sonst gelten die gleichen Anforderungen wie bei den Rindsuppenwürfeln.

3. Suppenwürfel

Die Suppenwürfel sind getrocknete Gemische aus Suppenwürze, Gemüseauszügen, Gewürz, Salz und Fett.

In bezug auf ihre chemische Zusammensetzung müssen sie folgenden Anforderungen genügen: Der Gesamtstickstoff muß mindestens 2,5 Prozent, der Aminosäurenstickstoffgehalt mindestens 1,5 Prozent betragen. Der in Wasser unlösliche, fettfreie, organische Rückstand darf höchstens zu 2 Prozent, die Menge des Chlors, als Chlornatrium berechnet, höchstens zu 70 Prozent, „Sand" höchstens zu 0,2 Prozent vorhanden sein. Das Fett kann tierischen oder pflanzlichen Ursprungs sein.

Bezüglich der Verwendung von Mehl, Stärke, Zucker usw., Teerfarbstoffen und Konservierungsmitteln außer Kochsalz, sowie von Stoffen, welche *Fehling*sche Lösung vor oder nach der Inversion reduzieren, gelten dieselben Bestimmungen wie bei den Rindsuppenwürfeln.

Auch hier soll das Durchschnittsgewicht aus 10 Würfeln mindestens 4 g betragen. Die Lösung eines Würfels von 4 g in 250 ccm heißen Wassers muß einen deutlich an Fleischbrühe erinnernden Geschmack aufweisen.

C. Speise- und Suppenwürzen

Die Speise- und Suppenwürzen können in zwei Gruppen eingeteilt werden.

Die erste Gruppe umfaßt die durch Säureabbau von Eiweißstoffen gewonnenen Präparate. Sie dienen dazu, die Speisen zu würzen. Geschmack und Geruch sind für die einzelnen Präparate typisch. Die organische Substanz besteht hier fast ausschließlich aus stickstoffhaltigen Verbindungen, weshalb ihr Gehalt an Stickstoff ziemlich hoch ist und durchschnittlich 13 bis 15 Prozent und darüber betragen kann. Gerinnbare Eiweißstoffe kommen in diesen Würzen nicht vor, sie geben auch keine deutliche Biuretreaktion mehr; Xanthinkörper finden sich in der Regel nur in sehr geringen Mengen vor. Kohlehydrate, Kreatin und Kreatinin fehlen ganz oder fast ganz; wenn sie vorhanden sind, stammen die ersteren aus kleinen Zusätzen von Gemüseauszügen, die beiden letzteren von Fleischextrakt oder von Hydrolysaten von aus Fleisch gewonnenen Stoffen, die noch Kreatin oder Kreatinin enthalten.

Die zweite Gruppe wird aus pflanzlichen Stoffen, z. B. Pilzen, Gemüsen, Hefe, nach entsprechender Behandlung durch Extraktion oder Pressen und mehr oder weniger starkes Eindampfen des so gewonnenen Saftes erhalten. Von diesen, in der chemischen Zusammensetzung von der ersten Gruppe verschiedenen Speisewürzen sind nur die Hefeextrakte näher bekannt geworden. Sie kommen unter manchmal irreführenden Phantasienamen in den Handel und sollen gleichfalls zum Würzen von Speisen dienen. Vom Fleischextrakt unterscheiden sie sich durch die relative Stickstoffarmut der organischen Substanz, durch die Gegenwart von Hefegummi, durch die Natur der Eiweißstoffe und durch das Fehlen des Kreatins und Kreatinins. Auch enthalten sie viele Nukleine, die beim Erhitzen mit Säuren eine beträchtliche Menge von Xanthinkörpern abspalten. Die Hauptmasse der Xanthinbasen besteht aus Adenin und Guanin, Hypoxanthin tritt zurück, vom Xanthin finden sich nur geringe Mengen. Von den Suppen- und Speisewürzen der ersten Gruppe lassen sich die Hefeextrakte leicht durch das Vorhandensein von Hefegummi und großer Mengen von Purinkörpern unterscheiden, auch haben die Hefeextrakte gewöhnlich einen eigentümlichen Geruch und Geschmack.

Die Speise- und Suppenwürzen sind in der Regel stark gesalzen. Die mineralischen Stoffe bestehen hauptsächlich aus Kochsalz und Phosphaten. Speise- und Suppenwürzen dürfen außer Kochsalz keine Konservierungsmittel enthalten und nicht durch dextrin- oder zuckerhaltige Zusätze gestreckt sein.

Bei den durch Abbau von Eiweißstoffen gewonnenen Präparaten dürfen nur den gesundheitlichen Anforderungen entsprechende Stoffe verwendet werden. Zur Abrundung des Geschmackes ist der Zusatz von Auszügen von Gemüsen und marktfähigen Pilzen (siehe Heft XXI, S. 100) gestattet.

In 100 g flüssiger Würze müssen mindestens 20 g organische Substanz, mindestens 3 g Gesamtstickstoff und mindestens 1,8 g Aminosäurenstickstoff enthalten sein, wobei der Gesamtstickstoff mindestens 13 Prozent in der organischen Substanz betragen muß; weiters dürfen höchstens 20 g Chlor, als Chlornatrium berechnet, und höchstens 1 g Ammoniakstickstoff vorhanden sein.

Teerfarbstoffe und Konservierungsmittel außer Kochsalz dürfen nicht zugesetzt werden. Stoffe, welche *Fehling*sche Lösung vor oder nach der Inversion reduzieren, dürfen nur in den geringen Mengen, wie solche aus den Zusätzen von Gemüseauszügen stammen, vorhanden sein.

Eine Lösung von 3 ccm Würze in 250 ccm warmen Wassers muß einen deutlichen fleischbrühartigen Geschmack besitzen.

Suppenwürzen, die infolge ihres höheren Eisengehaltes eine Schwarz-färbung der Speisen herbeiführen, sind zum menschlichen Genuß un-geeignet.

Neben den flüssigen Würzen kommen im Handel auch noch solche in dickerer, pastenförmiger Konsistenz vor, die aus den flüssigen Würzen durch Entziehen von Wasser hergestellt werden. Sie dienen den gleichen Zwecken wie die flüssigen Würzen und müssen in bezug auf Herstellung und Rohmaterialien den gleichen Bedingungen wie die flüssigen Würzen entsprechen.

Der Gehalt an Trockenmasse der pastenförmigen Würzen muß mindestens 80 Prozent betragen. Der Gehalt an organischen Stoffen, Gesamtstickstoff und Aminosäurenstickstoff, Kochsalz und Ammoniak-stickstoff muß den für die Speise- und Suppenwürzen oben angeführten Grenzzahlen (berechnet auf Trockenmasse) entsprechen.

Die durch Extraktion oder Pressen gewonnenen Würzen müssen in bezug auf Gehalt an Kochsalz, organischer Substanz, Teerfarb-stoffen und Konservierungsmitteln den gleichen Bestimmungen ent-sprechen wie die Würzen der ersten Gruppe. Die Pasten müssen auch hier mindestens 80 Prozent Trockenmasse aufweisen.

D. Saucen

Die käuflichen Saucen stellen im allgemeinen aus Pflanzen und Gewürzen bereitete Auszüge dar, die oft noch andere Zusätze, wie Mehl, Zucker, Kochsalz u. dgl. erhalten. Der Hauptvertreter dieser Saucen ist die Worcestershire-Sauce. Sie dienen meist dazu, den Speisen einen stark gewürzten, pikanten Beigeschmack zu verleihen. Eine besondere Stellung unter den Saucen nimmt die japanische und chine-sische „Soja" ein, die aus der Sojabohne durch Gärung hergestellt wird. Außerdem kommt bei der Herstellung der „Soja" die vegetative Tätigkeit eines Schimmelpilzes wesentlich in Betracht.

2. Probeentnahme

Fleischextrakt usw. soll womöglich in der Originalpackung (Tiegel, Tube oder Dose) zur Untersuchung gelangen. Je nach dem Umfange der auszuführenden Analyse sind 50 bis 200 g der Probe erforderlich.

3. Untersuchung

Im folgenden werden sämtliche für die Identifizierung und Prüfung der hieher gehörigen Präparate in Betracht kommenden Bestimmungen besprochen, ohne daß damit ihre Ausführung dem Analytiker für alle Fälle zur Pflicht gemacht werden soll. Es wird vielmehr — von aus-drücklich erwähnten Ausnahmen abgesehen — jeweilig seinem Urteil überlassen bleiben müssen, zu entscheiden, welchen Weg er für den geeignetsten hält. Einen Anhaltspunkt nach dieser Richtung bietet das bei der Beschreibung der einzelnen Präparate über ihre chemische Zusammensetzung Mitgeteilte. Die am häufigsten gestellten Fragen sind: „Enthält das Präparat Fleischextrakt?" und „Ist die Ware unverfälschte Würze der Firma X.?" Im ersten Fall genügt oft schon die Prüfung auf Kreatin und Kreatinin, im zweiten, und zwar zur raschen Information, meist der Vergleich des spezifischen Gewichts mit dem eines Musters von unzweifelhaft echter Herkunft. Die Geschmacksprobe gibt den sichersten Aufschluß beim Verkosten in verdünnter Lösung, zum Beispiel von 3 ccm auf 250 ccm Wasser von 45 bis 55 Graden Celsius. Zur raschen chemischen Unterscheidung von Speisewürzen der Gruppen 1 und 2 reicht der Nachweis von Hefegummi (S. 24) aus, der auch Aufschluß über eine etwaige Vermischung von Speisewürzen der Gruppe 1 mit den Hefepräparaten der Gruppe 2 gibt. Eine sichere Beurteilung wird sich auf die chemische Analyse und den Vergleich ihrer Ergebnisse mit den für das betreffende Originalpräparat festgestellten Zahlen gründen lassen. Saucen vermag schon der Laie durch die bloße Geruchs- und Geschmacksprobe zu erkennen. Schließlich sei noch auf einen zwar selbstverständlichen, trotzdem aber gar nicht so selten übersehenen Umstand verwiesen: Der Gehalt an Stickstoff und an den einzelnen organischen Bestandteilen muß stets auf 100 Teile der gesamten organischen Substanz berechnet werden, der Gehalt an Stickstoff in den einzelnen Stickstoffverbindungen dagegen auf 100 Teile des Gesamtstickstoffes. Nur so läßt sich die Zusammensetzung der organischen Substanz zweier Proben miteinander vergleichen.

1. Spezifisches Gewicht

Das spezifische Gewicht der flüssigen Präparate ist mit Hilfe des Pyknometers bei 15 Grad Celsius zu bestimmen.

2. Trockensubstanz

Annähernd 2 g des flüssigen Präparates (Suppenwürze u. a.) werden in einem Schälchen mit 20 g vorher mit Salzsäure gewaschenem und ausgeglühtem Quarzsand durchgemischt und auf dem Wasserbade öfters umgerührt, bis die Probe nicht mehr feucht, sondern pulvrig erscheint und nicht zusammenbackt. Zweckmäßig bedient man sich eines kurzen Glasstäbchens, das an einem Ende spatelförmig abgeplattet und hier etwas eingebogen ist. Auf diese Weise wird das Zerdrücken der sich während des Eindampfens bildenden Klümpchen leichter ermöglicht; das weitere Trocknen geschieht im *Soxhlet*schen Glyzerintrockenschrank 2½ Stunden lang bei 105 Graden Celsius.

Von den pastenförmigen Präparaten und ebenso von den Suppenwürfeln verwendet man etwas weniger als 2 g, verrührt die Substanz mit ein wenig Wasser und geht weiter vor, wie schon angegeben wurde.

3. Asche

Etwa 2 g Substanz, bei dünnflüssigen Präparaten entsprechend mehr, werden in einer gewogenen Platinschale getrocknet und in bekannter Weise vorsichtig verascht. Der in Salzsäure unlösliche Anteil der Asche wird als „Sand" berechnet.

4. Chlor und Phosphorsäure

Man verfährt wie bei 3. angegeben, verascht jedoch unter Zusatz von Natriumkarbonat. Das Chlor wird in einem aliquoten Teil der salpetersauren Lösung der Asche gewichts- oder maßanalytisch ermittelt. Die Phosphorsäure fällt man aus der salpetersauren Lösung der Asche in Form von Ammoniumphosphormolybdat und wiegt sie dann als Magnesiumpyrophosphat.

5. Organische Substanz

Der Gehalt an organischer Substanz wird berechnet, indem man die Aschenmenge von der Trockensubstanzmenge abzieht.

6. Fett

Zur Bestimmung des Fettes werden 10 bis 20 g Substanz mit ausgeglühtem Bimssteinpulver vermischt, dann getrocknet, zerrieben und in üblicher Weise mit Petroläther ausgezogen.

Oder man bringt nach *Micko*[1]) die Substanz in den Apparat von *Gottlieb-Röse*, setzt verdünnte Salzsäure zu und erhitzt im Wasserbade etwa eine Stunde lang. Nach dem Auskühlen wird wie üblich vorgegangen. Zum Aufnehmen des Fettes benützt man zunächst etwa 25 ccm Äther, schüttelt durch und setzt (nicht über 60 Grad siedenden) Petroläther zu. Bei stärker zellulosehaltigen Präparaten ist diese sonst vorteilhafte Methode nicht gut brauchbar.

7. Gesamtstickstoff

Die Stickstoffbestimmung erfolgt nach *Kjeldahl*, und zwar in einer Substanzmenge, die, auf Trockensubstanz berechnet, 1 g nicht überschreitet. Um das Kreatin vollständig zu zerstören, empfiehlt es sich, beim Aufschließen die hellgewordene Flüssigkeit noch etwa drei Stunden lang weiter zu erhitzen.

8. Stickstoff in Form von Fleischmehl und unlöslichen Eiweißstoffen

Eine entsprechende Menge Substanz, bei festen Präparaten 10 bis 20 g, bei flüssigen Präparaten 25 bis 50 g, wird in Wasser gelöst und die Flüssigkeit nach mehrstündigem, ruhigem Stehen filtriert.

---

[1]) Privatmitteilung.

Den Rückstand wäscht man mit kaltem Wasser, trocknet ihn und behandelt ihn schließlich nach *Kjeldahl*. Der ermittelte Gehalt an Stickstoff, mit 6,25 multipliziert, ergibt die Menge des Fleischmehles oder der unlöslichen Eiweißkörper. Die Gegenwart von Fleischmehl wird durch die mikroskopische Untersuchung erkannt.

9. Stickstoff in Form von gerinnbarem Eiweiß

Das Filtrat von den unlöslichen Eiweißstoffen (siehe Nr. 8) wird mit Essigsäure schwach, aber deutlich angesäuert und hierauf zum Sieden erhitzt. War gerinnbares Eiweiß vorhanden, so scheidet es sich in Form eines flockigen Niederschlages aus, der abfiltriert, mit heißem Wasser gewaschen, getrocknet und nach *Kjeldahl* verbrannt werden kann. Auch hier ist für die Berechnung der Faktor 6,25 zu verwenden.

10. Stickstoff in Form von Albumosen

Die Bestimmung der Albumosen ist im Filtrate von den geronnenen Eiweißstoffen (siehe Nr. 9) nach *Bömer*[1]), und zwar in mit 1 ccm Schwefelsäure (1 : 4) angesäuerter Lösung, durchzuführen. Die Menge der zu untersuchenden Probe wird so bemessen, daß auf 50 ccm Flüssigkeit ungefähr 1 bis 1,5 g organischer Substanz entfallen.[2])

Man sättigt die Extraktlösung mit feingepulvertem Zinksulfat derart ab, daß noch ein kleiner Teil des Zinksulfates ungelöst übrig bleibt. Die ausgeschiedenen Albumosen werden auf einem Filter gesammelt, mit gesättigter und mit etwas Schwefelsäure angesäuerter Zinksulfatlösung gewaschen, dann getrocknet und schließlich nach *Kjeldahl* verbrannt. Die erhaltene Stickstoffmenge, mit 6,25 multipliziert, ergibt die Menge der vorhandenen Albumosen.

11. Nachweis von Peptonen

Da eine sichere Methode zur quantitativen Bestimmung der Peptone bisher nicht bekannt ist, muß man sich auf ihren qualitativen Nachweis beschränken. Hiezu verwendet man das Filtrat von den Albumosen (siehe Nr. 10), jedoch in einer stärkeren Konzentration, als es bei der quantitativen Bestimmung dieser Eiweißstoffe erhalten wird. Zu dem Behufe scheidet man die Albumosen aus einigen Grammen der Substanz unter Vermeidung eines größeren Flüssigkeitsüberschusses auf die oben beschriebene Art ab, fällt das Zink mit Soda aus und engt die mit Schwefelsäure bis zur schwach alkalischen Reaktion neutralisierte zinkfreie Flüssigkeit auf dem Wasserbade bis zur Kristallisation ein. Nach dem Auskühlen wird das auskristallisierte schwefelsaure Natron

---

[1]) Zeitschrift für analytische Chemie, 1895, S. 568.
[2]) *Micko*, Zeitschrift für Untersuchung der Nahrungs- und Genußmittel, sowie der Gebrauchsgegenstände, 1907, 14. Bd., S. 295.

von der Mutterlauge getrennt und diese mit überschüssiger Natronlauge und einigen Tropfen einer 1-prozentigen Kupfersulfatlösung versetzt. Bei Vorhandensein von Peptonen tritt eine rotviolette Färbung auf.

12. Nachweis von Leim

Alle bisher zur quantitativen Bestimmung des Leims vorgeschlagenen Methoden sind unverläßlich; man muß sich daher mit der qualitativen Prüfung begnügen. War in der Probe gelatinierender Leim vorhanden, so findet er sich in dem mit Zinksulfat oder, hier zweckmäßiger, mit Ammoniumsulfat aussalzbaren Teil, also bei den Albumosen, deren konzentrierte wässerige Lösung bei Gegenwart von Leim nach 24-stündigem Stehen deutlich gelatiniert.

Nicht gelatinierende Leimstoffe, wie „veränderter Leim", Azidglutin und Gelatosen, die von Zinksulfat oder von Ammoniumsulfat gleichfalls gefällt werden, lassen sich nach dieser Methode natürlich nicht nachweisen. Man muß eventuell versuchen, sie durch fraktioniertes Lösen in Alkohol von einem Teil der Albumosen zu trennen, um sie näher prüfen zu können.[1]) Zu beachten ist, daß alle Leimlösungen beim Eindampfen neutral zu halten sind.

13. Ammoniakstickstoff

Etwa 5 g Substanz werden in 300 ccm Wasser gelöst und mit gebrannter Magnesia im Überschuß vermischt; darauf ist der Kolben sofort mit dem Destillationsapparat zu verbinden. Man destilliert 200 ccm ab und ermittelt im Destillat durch Titration des Säureverbrauchs die Menge des Stickstoffs.

14. Gesamtkreatinin

Bei der Beurteilung des Fleischextraktes und der fleischextrakthaltigen Erzeugnisse kommt nur das Gesamtkreatinin, d. h. das schon vorhandene Kreatinin und das durch Inversion mit Salzsäure in Kreatinin überführte Kreatin zusammengenommen in Betracht.

Ungefähr 2 g Fleischextrakt oder 20 g Suppenwürfel werden in einer Porzellanschale mit 50 bis 70 ccm n-Salzsäure auf dem Wasserbade so lange eingedampft, bis der Rückstand beim Umrühren nicht oder nur noch wenig nach Salzsäure riecht. Der Rückstand wird in heißem Wasser aufgenommen und nach dem Abkühlen und Erstarren des Fettes, wenn solches, wie bei den Suppenwürfeln, vorhanden ist, die Lösung filtriert. Nach dem Auswaschen des Unlöslichen mit kaltem Wasser neutralisiert man das Filtrat genau mit verdünnter Natronlauge, bringt das Ganze, nötigenfalls durch Abdampfen, auf etwa 75 bis

---

[1]) Zeitschrift für Untersuchung der Nahrungs- und Genußmittel, sowie der Gebrauchsgegenstände, 1907, 14. Bd., S. 289.

100 ccm und tropft vorsichtig und unter ständigem Umrühren 1-prozentige Kaliumpermanganatlösung[1]) so lange zu, bis die Flüssigkeit etwa die Farbe des Malagaweines angenommen hat und wartet etwas, bis sich ein Niederschlag gebildet hat. Ist die etwas geklärte Flüssigkeit noch zu dunkel, so setzt man noch weiter Permanganatlösung zu. Doch darf die violette Farbe nicht länger als eine halbe Minute bestehen. Es ist auch nicht notwendig, die Flüssigkeit bis zur Farblosigkeit zu entfärben, es genügt, daß sie weingelb oder hellbräunlich wird. Man erhitzt darauf 5 bis 10 Minuten auf dem Wasserbade, damit sich der Niederschlag von Braunstein absetzt. Der Niederschlag wird abfiltriert und mit heißem Wasser gewaschen. Die vereinigten Filtrate engt man durch Abdampfen ein und bringt die Lösung in einem Meßkolben auf 100 ccm. Von dieser Stammlösung werden 10 ccm zur Bestimmung des Kreatinins verwendet.

Zur kolorimetrischen Bestimmung des Kreatinins bedient man sich des Kolorimeters nach *Dubosq*, das gestattet, Zehntelmillimeter zu messen. Als Vergleichslösung dient 0,5 n-Kaliumbichromatlösung[2]) und eine aus 10 mg Kreatinin, 15 ccm gesättigter, d. i. 1,2-prozentiger Pikrinsäurelösung und 10 ccm 10-prozentiger Natronlauge bereitete und nach 7 Minuten langem Stehen auf 500 ccm verdünnte Lösung. Eine 8 mm dicke Schicht der ersten Lösung entspricht bei etwa 15 Grad Celsius in der Farbstärke und Farbnuance einer 8,1 mm dicken Schicht der zweiten Lösung. Die kolorimetrische Messung muß innerhalb einer Viertelstunde ausgeführt werden.

Bei Ausführung des Versuches stellt man das Kolorimeter auf 8 mm der besagten Kaliumbichromatlösung ein. 10 ccm der oberwähnten Kreatininstammlösung werden mit 15 ccm Pikrinsäurelösung und 10 ccm Natronlauge versetzt, nach 7 Minuten auf 500 ccm verdünnt und im Kolorimeter gegen Kaliumbichromatlösung verglichen. Die Ablesung nimmt man etwa fünfmal vor und zieht den Durchschnitt, wobei sich der kolorimetrische Wert zwischen 8 und 10 mm bewegen soll. Ist die Stammlösung stärker, so wird ein Teil davon entsprechend verdünnt, so daß die Ablesung bei Anwendung von 10 ccm der Lösung 8 bis 10 mm ergibt. Ist die Stammlösung schwächer, so wird sie weiter eingedampft, jedenfalls soll man nicht mehr als 15 ccm derselben verwenden, um den kolorimetrischen Wert zwischen 8 und 10 mm zu erreichen.

Aus dem gefundenen kolorimetrischen Wert a berechnet man die Menge des in 10 ccm der Kreatininstammlösung enthaltenen Kreatinins nach der Formel:

$$x = \frac{8,1 \times 0,01}{a}$$

<hr>

[1]) *Sudendorf* und *Lahrmann*, Zeitschrift für Untersuchung der Nahrungs- und Genußmittel, sowie der Gebrauchsgegenstände, 1915, 29. Bd., S. 7.

[2]) *Folin*, Zeitschrift f. physiolog. Chemie, 1904, S. 223.

15. Aminosäurenstickstoff

Die Bestimmung des Aminosäurenstickstoffes geschieht am zweckmäßigsten nach *Martens*.[1])

Etwa 5 g Würze, genau ausgewogen, werden in einem 100 ccm-Meßkolben mit 10 ccm einer 10-prozentigen Chlorbaryumlösung und 20 ccm einer 5,7-prozentigen Silbernitratlösung vermischt und mit Wasser bis zur Marke aufgefüllt. Nach etwa einer halben Stunde filtriert man und bringt 10 ccm Filtrat in einen 3 cm weiten und 17 bis 18 cm hohen Zylinder, setzt 60 ccm Alkohol und 4 Tropfen einer 0,25-prozentigen alkoholischen Thymolphtaleinlösung zu und titriert mit 0,2 n-Natronlauge, unbeschadet der entstandenen Trübung, auf blaßblau. Nach Zusatz von 4 Tropfen einer 0,25-prozentigen alkoholischen Methylrotlösung wird mit 0,2 n-Salzsäure bis auf rot titriert. Die Trübung der Flüssigkeit geht dabei noch weiter zurück und setzt man noch 5 ccm Wasser zu, so wird die Lösung klar oder fast klar. Als Vergleichslösung für den Umschlag ins Rot dient eine Mischung von 0,5 ccm einer 1/15-molaren Dinatriumphosphatlösung (11,876 g Na_2HPO_4, 2 H_2O im Liter) und 9,5 ccm einer 1/15-molaren Monokaliumphosphatlösung (9,078 g KH_2PO_4 im Liter), die mit Wasser auf das Volumen der untersuchten Flüssigkeit gebracht und mit 4 Tropfen Methylrotlösung versetzt wird. Man kann sich auch des Titrierkoloriskops von *Hellige* nach demselben Prinzip wie bei der *Grünhut*schen Methode[2]) bedienen.

In einem blinden Versuch, mit 60 ccm Alkohol und 10 ccm Wasser, wird die Flüssigkeit mit 0,2 n-Natronlauge und Thymolphtalein auf blaßblau gestellt, mit Wasser auf das Volumen der titrierten Versuchslösung weiter verdünnt, mit 0,2 n-Salzsäure und Methylrot auf rot titriert und der so erhaltene Wert von der bei der Titration der Probe verbrauchten 0,2 n-Salzsäure abgezogen. Der Rest entspricht der Summe des Aminosäuren- und Ammoniakstickstoffs. Der letztere wird in einer gesonderten Probe nach S. 19 (Nr. 13) durch Destillation mit Magnesia ermittelt und von der obigen Summe abgerechnet. Der Rest ergibt den Aminosäurenstickstoff.

16. Gesamtmenge des „Xanthinbasen-Stickstoffes"

5 bis 10 und mehr Gramm Substanz, je nach Konsistenz der Probe, werden in etwa 100 ccm Wasser und 10 ccm verdünnter Schwefelsäure (1 : 3) gelöst und drei Stunden lang am Rückflußkühler gekocht. Die mit Natronlauge neutralisierte Flüssigkeit wird hierauf mit je 20 ccm Natriumbisulfitlösung (200 g gepulvertes Natriumbisulfit in einem Liter Wasser) und Kupfersulfatlösung (130 g in einem Liter Wasser) versetzt und während einiger Minuten im Sieden erhalten. Man läßt

---

[1]) Bull. de la soc. chim. biol., Bd. 9, Nr. 4, S. 454, 1927, und Berichte über die gesamte Physiol. u. experim. Pharmakol., Bd. 42, 1927, S. 35.
[2]) Zeitschrift für Untersuchung der Lebensmittel, 57. Bd., 1929, S. 304.

hierauf ruhig stehen, bis die Flüssigkeit abgekühlt ist, filtriert, wäscht den Niederschlag mit kaltem, vorher ausgekochtem Wasser aus, schwemmt ihn in heißem Wasser unter Zusatz von Salzsäure auf und leitet Schwefelwasserstoff ein. Das Filtrat vom Schwefelkupfer wird, zweckmäßig im Vakuum, bis fast zur Trockene eingedampft, der Rückstand in Wasser, wenn nötig, unter Zusatz von möglichst wenig Salzsäure gelöst und zur Lösung, deren Rauminhalt ungefähr 100 ccm beträgt, Ammoniak im Überschuß hinzugefügt. Falls sich nach 24 Stunden ein Niederschlag gebildet hat, der aus Phosphaten, darunter Magnesiumammoniumphosphat, bestehen, aber auch Guanin enthalten kann, so wird er abfiltriert, mit möglichst wenig schwachem Ammoniak gewaschen und mit verdünnter Essigsäure behandelt. Das ungelöst zurückgebliebene Guanin löst man in heißer verdünnter Salzsäure und fügt die Lösung zum ammoniakalischen Filtrat. Dieses wird mit überschüssigem, in Ammoniak gelöstem Silbernitrat versetzt, wobei die Flüssigkeit soweit ammoniakalisch sein muß, daß es nicht zur Ausscheidung von Chlorsilber kommt. Falls eine solche dennoch eintritt, setzt man so lange Ammoniak zu, bis der Niederschlag eine flockige, voluminöse, fast gallertartige Beschaffenheit angenommen hat. Nach mehrstündigem ruhigen Stehen wird er dann abfiltriert, zunächst mit stark verdünntem Ammoniak und dann mit Wasser bis zum Verschwinden der Salpetersäure gewaschen, getrocknet und endlich nach *Kjeldahl* behandelt.

17. Xanthinbasen[1])

100 g oder mehr der Substanz werden mit einem Liter 1-prozentiger Schwefelsäure 3 bis 4 Stunden im Dampftopf auf 100 bis 110° C oder am Rückflußkühler auf dem Sandbade zum Sieden erhitzt. Die Flüssigkeit wird dann mit Natronlauge alkalisch gemacht und mit Essigsäure wieder angesäuert. Von einem dabei entstehenden Niederschlag wird abfiltriert, das Filtrat mit Natronlauge schwach alkalisch gemacht und mit Kupfersulfat und Natriumbisulfit (siehe Nr. 16) in der Siedehitze ausgefällt. Der abfiltrierte und ausgewaschene Kupferoxydulniederschlag wird in heißem Wasser suspendiert und mit Schwefelwasserstoff zersetzt. Nach dem Ansäuern mit etwas Schwefelsäure wird in der Siedehitze filtriert, das Filtrat auf etwa einen Liter eingedampft, mit Ammoniak stark alkalisch gemacht und mit ammoniakalischer Silbernitratlösung gefällt. Der Niederschlag wird auf einem Filter gesammelt und mit ammoniakhaltigem Wasser so lange gewaschen, bis das Filtrat keine Salpetersäurereaktion mehr gibt. Dann wird der Niederschlag in heißem Wasser aufgeschwemmt und mit Salzsäure in der Siedehitze zersetzt, bis sich reines Chlorsilber ausscheidet. Nun fügt man noch einen kleinen Überschuß von Salzsäure hinzu, saugt

---

[1]) *Hoppe-Seyler-Thierfelder*, Handbuch der physiolog. u. patholog.-chemischen Analyse, 9. Aufl., 1924, S. 875.

das Chlorsilber ab und dampft das Filtrat in einer Porzellanschale, zum Schluß bei niederer Temperatur und unter häufigem Umrühren bis zur Trockene ein.

1. Bestimmung des Guanins. Der Rückstand wird mit heißem Wasser (100 bis 500 ccm) aufgenommen und in der Wärme mit einer wässerigen Ammoniaklösung im Überschuß versetzt. Der Niederschlag, der das Guanin enthält, wird nach 24-stündigem Stehen abfiltriert, nochmals mit 2-prozentiger Ammoniaklösung in der Wärme digeriert, wieder nach 24 Stunden abfiltriert, in wenig verdünnter Natronlauge gelöst, eventuell filtriert und die klare Lösung mit Essigsäure angesäuert. Die Fällung (Guanin) wird abfiltriert, mit Alkohol und Äther gewaschen, bei 100 Grad Celsius getrocknet und gewogen.

2. Bestimmung des Adenins. Die vom Ammoniakniederschlag abfiltrierte Flüssigkeit wird zum Vertreiben des überschüssigen Ammoniaks eingedampft, auf etwa 100 bis 150 ccm mit Wasser verdünnt und nach Zusatz eines Tropfens Methylorangelösung tropfenweise mit Salzsäure bis zum Auftreten einer Rotfärbung versetzt. Man fügt jetzt eine kalte konzentrierte Lösung von Natriumpikrat solange hinzu, als noch ein weiterer Zusatz des Fällungsmittels zu einer Probe des Filtrates sofort eine Trübung erzeugt. Der Niederschlag von pikrinsaurem Adenin wird sofort mit Hilfe einer Saugvorrichtung abfiltriert, bei 100 Grad getrocknet und gewogen. Stimmt der Zersetzungspunkt (281 Grad), so ist das Adeninpikrat rein und man berechnet das Adenin nach der Formel $C_5H_5N_5C_6H_2(NO_2)_3OH$. Andernfalls wägt man einen Teil des Niederschlages ab, übergießt ihn mit heißem Wasser löst ihn durch Zusatz einer abgemessenen Menge 2 n-Lauge, filtriert, wenn nötig, und fällt das Filtrat durch Zusatz derselben Menge 2 n-Schwefelsäure. Dann pflegt das Adeninpikrat meist rein auszukristallisieren. Sollte es nun noch nicht rein sein, muß man die Fällung mit ammoniakalischer Silbernitratlösung wiederholen, nachdem man die Pikrinsäure vorher bei saurer Reaktion mit Äther oder Benzol ausgeschüttelt hat.

3. Trennung von Hypoxanthin und Xanthin. Man säuert die vom Adeninpikrat abfiltrierte Flüssigkeit mit Salpetersäure an und entfernt die Pikrinsäure durch Ausschütteln mit Benzol. Hierauf fällt man den Rest der Basen mit ammoniakalischer Silberlösung und verfährt wie oben beschrieben, um die Basen in die Chloride überzuführen. Die Lösung wird dann zur Trockene verdampft und, zur völligen Vertreibung der Salzsäure, der Rückstand mehrere Male mit Wasser und Alkohol eingedunstet, sodann in wenig Wasser von 40° C gelöst und die Lösung zur Ausscheidung des Xanthins 24 Stunden hingestellt. Den aus Xanthin und Xanthinchlorhydrat bestehenden Rückstand filtriert man ab, wäscht mit Wasser chlorfrei aus und verfährt weiter nach 5.

4. Bestimmung des Hypoxanthins. Das Filtrat vom Xanthin

wird mit einem kleinen Überschuß von Pikrinsäure in 50 ccm Wasser heiß gelöst. Trübt sich die Flüssigkeit beim Abkühlen, so ist etwas Adenin der ersten Fällung entgangen; man filtriert die Trübung sofort ab. Der Filterrückstand wird getrocknet und gewogen. Nach Bestimmung des Zersetzungspunktes dient sein Gewicht zur Korrektur der unter 2. gefundenen Adeninmenge. Die klare, vom Adenin völlig freie Lösung scheidet beim Einengen und Erkaltenlassen Hypoxanthinpikrat in makroskopischen tafelförmigen Kristallen aus. Es wird abfiltriert, in siedendem Wasser gelöst und mit neutraler oder nur schwach saurer Silbernitratlösung versetzt. Der Niederschlag besteht aus Hypoxanthinsilberpikrat und wird bei 100^0 C getrocknet und gewogen und dient zur Berechnung des Hypoxanthins nach der Formel: $C_5H_3AgN_4O \cdot C_6H_2(NO_2)_3OH$.

5. Bestimmung des Xanthins. Die vom Hypoxanthinpikrat abfiltrierte Flüssigkeit wird mit Salpetersäure und Benzol von Pikrinsäure befreit und mit überschüssigem Ammoniak versetzt. In dieser Flüssigkeit löst man den aus Xanthin bestehenden Niederschlag und fällt die Lösung mit ammoniakalischer Silberlösung. Der Niederschlag dient, salpetersäurefrei gewaschen und nach Vertreibung des Ammoniaks durch Kochen mit Baryumkarbonat, zur Stickstoffbestimmung, aus deren Resultat die Menge des Xanthins berechnet wird.

18. Nachweis von Hefegummi

Die zu untersuchende Probe wird in drei Teilen heißen Wassers gelöst und die Lösung mit Ammoniak in mäßigem Überschuß versetzt. Das Filtrat von dem entstehenden Niederschlag vermischt man nach dem Abkühlen auf Zimmertemperatur mit frisch bereiteter, ätznatronhaltiger, ammoniakalischer Kupferlösung (100 ccm 13-prozentige Kupfersulfatlösung, 150 ccm Ammoniak, 300 ccm 14-prozentige Natronlauge) im Überschuß. Es bildet sich ein Niederschlag, der sich zu einem Klumpen ballt. Er wird auf Leinwand gebracht, abgepreßt und in mit etwas verdünnter Salzsäure angesäuertem Wasser gelöst. Aus der Lösung fällt das Hefegummi beim Vermischen mit dem dreifachen Volumen Alkohol wieder aus. Die Fällung mit Alkohol wird eventuell nochmals wiederholt und hierauf das so gereinigte Hefegummi auf seine Eigenschaften geprüft. Reine Fleischextrakte geben unter den im vorstehenden festgesetzten Bedingungen keinerlei Niederschlag oder Trübung.

Nach *Searl* werden 30 ccm einer Kupfersulfatlösung (12,25 g Kupfersulfat, 16 g neutrales Natriumtartrat in 120 ccm Wasser gelöst und dazu eine Lösung von 16 g Ätznatron in 120 g Wasser) 5 Minuten lang gekocht, darauf filtriert und noch heiß zu einer siedenden Lösung von 5 g der Probe in 60 ccm Wasser gegossen. Nach weiterem 1 bis 2 Minuten langem Kochen scheiden sich bei Vorhandensein von Hefegummi gelblichgraue Flocken ab.

19. Zucker

Zur Bestimmung des Zuckers, namentlich in Suppenwürzen, wird ein abgemessener Teil der Lösung zum dünnen Sirup eingedampft und der Rückstand zum Zwecke der Abscheidung des Dextrins und der Stärke mehrere Male mit Alkohol von 92 Volumprozenten verrieben. Den Destillationsrückstand von der filtrierten Lösung behandelt man nochmals mit Alkohol, nimmt den Verdunstungsrückstand mit Wasser auf und füllt bis zu einem bestimmten Volumen auf. In dieser Lösung, die nicht mehr als 1 Prozent Zucker ·enthalten darf, ist der Zucker vor und nach der Inversion nach *Allihn-Meissl* zu bestimmen.

20. Dextrin

Die durch Alkohol aus dem wässerigen Extrakt gefällten Substanzen (siehe Nr. 19) werden vorsichtig erwärmt, bis der Alkohol vertrieben ist, dann in 200 ccm Wasser gelöst, mit 20 ccm Salzsäure vom spezifischen Gewicht 1,125 versetzt und in einem 250 ccm fassenden Meßkolben aus Jenaer Glas zwei Stunden lang im kochenden Wasserbade am Rückflußkühler erhitzt. Hierauf kühlt man die Lösung rasch ab, neutralisiert mit Natronlauge und füllt bis zur Marke mit Wasser auf. In 25 ccm der Lösung wird die Dextrose nach *Meissl*[1]) bestimmt. Falls es sich bei der Behandlung mit *Fehling*scher Lösung zeigen sollte, daß die Dextroselösung zu konzentriert ist, bringt man 100 ccm der invertierten Flüssigkeit auf ein entsprechend größeres Volumen und führt die Bestimmung der Dextrose in 25 ccm dieser verdünnten Lösung aus. Die gefundene Menge Dextrose ergibt mit 0,9 multipliziert, unter Berücksichtigung der vorgenommenen Verdünnung, die Menge des vorhandenen Dextrins.

Anhang

Senf

Den Würzen schließt sich der Senf an, welcher gleich diesen als anregende Beigabe zu Speisen wie auch beim „Einlegen" verschiedener Obst- und Gemüsearten sowie von Gurken verwendet wird.

Der Tafelsenf, Speisesenf oder „Senf" schlechtweg ist ein scharf schmeckender, würziger Brei, der aus den Samen verschiedener Senfpflanzen (s. Heft XX, S. 33) unter Zugabe von Weinmost, Obstmost, Wein, Obstwein oder Essig und häufig auch noch mit anderen Stoffen nach verschiedenen Herstellungsverfahren bereitet wird. Die zur Herstellung von

---

[1]) *Wein*, Tabellen zur quantitativen Bestimmung der Zuckerarten. Stuttgart 1888.

gutem Speisesenf dienenden Senfsamen bzw. Senfmehle dürfen weder muffig noch ranzig sein. Zur Herstellung der einzelnen Senfarten werden mit Rücksicht auf das verschiedene Verhalten der weißen und schwarzen Senfsamen beim Verreiben mit Wasser (siehe Heft XX, S. 34) in der Regel Gemische von „gelben" und „braunen" Senfsamen, entölt oder nicht entölt, entweder grob gequetscht oder in Form von Senfmehl verwendet. Vom schwarzen Senf nimmt man soviel, als zur Erzielung der gewünschten Schärfe oder Stärke, das ist des stark brennenden Geschmacks und scharfen Geruchs, erforderlich ist. Als Beigabe dienen, je nach der herzustellenden Sorte, alle möglichen Arten von Gewürzen, Sardellen, Anchovis, Zucker usw. Häufig wird auch Getreidemehl, Mais- oder Stärkemehl zugesetzt, angeblich um die allzu große Schärfe zu mildern oder um eine bessere Bindung der Paste zu bewerkstelligen. Außerdem finden giftfreie Farbstoffe, und zwar Kurkuma oder Teerfarbstoffe Verwendung.

Je nachdem Wein- oder Obstmost, Wein- oder Obstmost mit Essig, Wein oder Obstwein, Essig mit Zucker oder Essig allein als flüssige Grundlage dienen, erhält man süße oder saure Mostsenfe, Weinsenfe oder saure Senfe, welch letztere auch unter dem Namen „Essigsenfe" bekannt sind (alle französischen und englischen Senfe). Unter „Kremser Senf" oder „Kremser Doppelsenf" (schärfere Sorte) sind Produkte zu verstehen, die aus grobgemahlenen gelben und braunen Senfsamen und unvergorenem und eingedampftem Weinmost hergestellt werden. Als „Original"- oder „echter Kremser Senf" darf nur jener Senf bezeichnet werden, welcher nach dem seit alters her in Krems üblichen Verfahren aus Weinmost des engeren Kremser Weingebietes in Krems hergestellt wurde. Wurde bei der Herstellung von Kremser Senf Essig und Zucker verwendet, ist dieser Umstand ebenso wie ein Zusatz künstlichen Süßstoffs neben der Bezeichnung „Kremser Senf" deutlich zum Ausdruck zu bringen (z. B. Kremser Senf, unter Verwendung von Essig bereitet).

Die bekanntesten Speisesenfsorten außer Kremser Senf sind: die nach französischer Art hergestellten Essigsenfe, wie Estragonsenf (mit Estragonessig, in Wien unrichtigerweise auch „Bertramessig" genannt, bereitet), Kräutersenf (mit aromatischem Kräuteressig), Ravigotte-, Kappern- und Anchovissenf (alle drei mit den charakteristischen Zusätzen) und schließlich Piccadilly- oder Gourmandsenf, eine Spezialsorte von feinem, aromatischem Geschmack, in die bereits vorher in Essig konservierte kleine Gurken oder in kleine Stücke geschnittene Mixed Pickles eingelegt werden. Schließlich ist das englische Senfmehl zu nennen, das hauptsächlich in bereits fertigem Zustande eingeführt und erst beim Gebrauch entweder mit Wasser, Fleischbrühe oder Speiseessig (jedoch ohne Gewürzzusatz) vermischt wird und einen ausgesprochen scharfen Senfgeschmack besitzt.

Beachtung wird den oft als inneres oder äußeres Bedeckungsmaterial der Verschlußkorke der Senfgläser dienenden Metallfolien bzw. Kapseln zu schenken sein, weil sie unter Umständen giftige Metallsalze an die anliegende Senfschicht abgeben können. Die Verwendung von bleihaltigen Folien oder Kapseln oder verzinkten Blech- oder Schraubendeckeln für diesen Zweck ist unstatthaft, ebenso ein Zusatz unerlaubter Konservierungsmittel.

4. Beurteilung.

Gesundheitsschädlich sind Waren dieses Kapitels, die sich im Zustande der Verderbnis befinden (S. 12), aus verdorbenem Material oder unter Verwendung unzulässiger Hilfsstoffe bereitet sind, oder sanitär bedenkliche Metallverbindungen oder Konservierungsmittel enthalten. Suppenwürzen mit höherem Eisengehalt (S 15) sind als verdorben zu erklären, desgleichen aus verdorbenen Senfsamen bereiteter Senf. Als verfälscht ist Fleischextrakt anzusehen, der mehr als die auf S. 11 angegebenen Mengen von Kochsalz oder Wasser enthält oder dem Fleischmehl, Hefeextrakt, Stärke, Dextrin, Zucker, Glyzerin, Salpeter oder andere Streckungs- und Beschwerungsmittel, ferner Farbstoffe zugesetzt wurden (S. 12), ebenso Fleischextrakt, welcher größere Mengen von Leim enthält.

Weiters sind als verfälscht zu erklären: durch Abbau von Eiweißstoffen gewonnene Erzeugnisse, Hefeextrakte, Rindsuppen-, Fleischsuppen- und Suppenwürfel und pastenförmige Würzen, die den aufgestellten Anforderungen in bezug auf die Zusammensetzung nicht entsprechen.

Als falsch bezeichnet hat der Gutachter zu erklären: Fleischextrakte, Rindsuppenwürfel, Fleischbrühwürfel, in welchen sich Kreatinin nicht nachweisen läßt (S. 19), weiters nach dem Namen einer bestimmten Tierart benannte Fleischsuppenwürfel, wofern sie nicht unter Verwendung von Fleisch der benannten Tierart hergestellt sind und den entsprechenden Geruch und Geschmack in der fertigen Brühe nicht in ausreichendem Maße erkennen lassen. Desgleichen „Kremser Senf", welcher den oben aufgestellten Anforderungen in Bezug auf Herstellung nicht entspricht.

5. Regelung des Verkehrs.

Der Verkauf der Fleischextrakte usw. erfolgt am zweckmäßigsten in Originalaufmachungen (Tiegeln, Dosen und Tuben oder Gläsern und Flaschen). Diese Behälter müssen selbstverständlich den allgemeinen sanitären Anforderungen, die an solche Gefäße gestellt werden, entsprechen. Mit Rücksicht auf die Möglichkeit einer Verderbnis der hieher gehörigen Konserven und angesichts des Umstandes, daß erfahrungsgemäß bei Gelegenheit der Zuwage, Nachfüllung, Umfüllung usw. im Kleinverkehr die meisten Unzukömmlichkeiten beobachtet werden, empfiehlt es sich, den Vertrieb aus offenen Behältern überhaupt tunlichst einzuschränken. Von den in verlöteten Blechbüchsen in den Handel gebrachten Fleischextrakten gilt das, was auf S. 12 über die sogenannte „Bombage" gesagt wird, gleichfalls.

6. Verwertung der beanstandeten Waren

Gesundheitsschädliche und verfälschte Präparate sind zu vernichten, letztere jedoch nur dann, wenn ihre anderweitige Verwendung als für den menschlichen Genuß nicht sichergestellt werden kann. Die falsch bezeichneten Waren können unter richtiger Bezeichnung im Verkehr belassen werden.

Experten: Kom. Rat Dir. *A. Bühler* (Fa. Jul. Maggi), Dr. *R. Kollmayr* (Fa. Jul. Maggi), Ing. *L. Krammer†* (Fa. Hauser u. Sobotka), Dir. *O. Reinle* (Fa. Etti u. Bergel, A. G.), Dir. Dr. *K. Schleich* (Fa. Jul. Maggi), Gen.-Dir. *H. Sobotka* (Fa. Hauser u. Sobotka).

XXX.

Fische

Referenten: Professor Dr. *Josef Fiebiger* (Tierärztliche Hochschule, Wien)
S. 120—139, Regierungsrat Dr. *Viktor Pietschmann* (Naturhistorisches Museum, Wien) S. 29—119

Die nach den allgemeinen Bestimmungen des „Lebensmittelgesetzes" (Gesetz vom 16. Jänner 1896, RGBl. Nr. 89 von 1897) zu erfolgende Regelung des Verkehres mit Fischen und Fischfleisch wurde durch die Bestimmungen der Ministerialverordnung vom 10. November 1928, BGBl. Nr. 321, in der Hinsicht erweitert, daß in Abänderung bzw. Ergänzung des § 4, Abs. 3, der Ministerialverordnung vom 17. Juli 1906, RGBl. Nr. 142, das bisherige unbedingte Verbot des Färbens von Fleisch sowie des Verkaufens und Feilhaltens gefärbten Fleisches auch für Fische und Fischlaich zu gelten habe.

1. Beschreibung

Zu unseren Marktfischen gehören sowohl Meeresfische und Süßwasserfische als auch Arten, die sich zeitweilig im Meere und zeitweilig im Süßwasser aufhalten. Zwecks ihrer sofortigen Unterscheidung in den folgenden Bestimmungstabellen usw. findet sich vor den Namen der Meeresfische der Buchstabe (M), vor jenen der Süßwasserfische der Buchstabe (F) und bei den übrigen ein Sternchen (*). Bei den Beschreibungen selbst wurde alles weggelassen, was vielleicht für die wissenschaftliche Charakterisierung von Belang ist, aber bei einer Bestimmung des Fisches, die sich hauptsächlich auf die äußere Gestalt, also die Form, Farbe usw. beschränkt und möglichst rasch vorgenommen werden soll, nicht zweckdienlich oder gar nicht verwendbar wäre. Dementsprechend wurden auch in den Bestimmungsschlüsseln oft die wichtigsten Merkmale, wenn sie von außen nicht erkennbar waren, weggelassen und in die nachfolgenden kurzen Beschreibungen verwiesen, an ihrer Stelle aber äußerlich deutlich sichtbare Merkmale zur Unterscheidung verwendet. Dem praktischen Bedürfnisse entsprechend erfuhr auch die Charakterisierung in den Bestimmungsschlüsseln der einzelnen größeren Gruppen, der Ordnungen usw., Modifikationen, die geeignet scheinen, die Erkennung danach zu erleichtern. So wird z. B. als Merkmal für die Chondropterygier angeführt, daß sie mehrere Kiemenspalten besitzen, obwohl zu ihnen ja auch die Holocephalen gehören, die nur eine Kiemenspalte haben. Da diese aber für die vorliegende Beschreibung nicht in Betracht kommen, anderseits das erwähnte Merkmal innerhalb der hier zu behandelnden Gruppen der Chondropterygier ein sehr leicht erkennbares, augenfälliges und natürlich konstantes ist, so wurde eine solche, wenngleich wissenschaftlich für den ganzen Umfang der Ordnung eigentlich nicht richtige Charakterisierung gewählt. Dieselben Erwägungen haben dazu geführt, die minder wichtigen Arten durch Kleindruck kenntlich zu machen und die Klasse der Rundmäuler ebenfalls an dieser Stelle zu besprechen.

I. Klasse. Rundmäuler, Marsipobranchia

Die Rundmäuler, die früher zu den Fischen gerechnet wurden, werden in neuerer Zeit von diesen getrennt und als eigene Tierklasse betrachtet, die sich von den Fischen schon äußerlich durch den Besitz nur eines Nasenloches unterscheidet und auch im inneren Bau gewichtige Unterschiede aufweist. Ihr zeitlebens knorpelig bleibendes Skelett hat keine Rippen, keinen Schultergürtel und kein Becken, die Kiemenblättchen sitzen nicht auf Kiemenbogen auf, sondern sind im Innern eines Sackes, des Kiemensackes, reihenweise angeordnet. Ferner zeigt das Herz keine Erweiterung der Herzschlagader (keinen „bulbus arteriosus"); der Verdauungskanal ist sehr einfach (ohne Gallenblase). Paarige Flossen sind nicht vorhanden. Der Mund ist seiner saugenden Tätigkeit entsprechend vorne endständig gelagert, rundlich, ohne Kiefer, an seinem Rand mit Knorpelstücken verfestigt und in der Mundhöhle mit hornartigen Zähnen in bei den einzelnen Arten verschiedener Zahl und Anordnung besetzt. Der Körper erscheint bei allen zu dieser Klasse gehörigen Tieren im allgemeinen mit geringen Modifikationen aalartig geformt.

Von den zwei Familien, die diese Klasse umfaßt, kommt nur die der Neunaugen (Petromyzontidae) als Nahrungsmittel in Betracht. Sie besitzen jederseits sieben kleine, in einer Linie hintereinander liegende Kiemenöffnungen, die sich auf dem vordersten Abschnitt des aalartigen Körpers befinden. Vor ihnen liegt das relativ kleine, kreisrunde Auge. Die Flossen bilden in der Hauptsache einen mehr oder weniger unterbrochenen, erhöhten Saum auf der hinteren Körperhälfte, die Haut ist völlig glatt, schleimig und ohne Schuppen. Alle führen eine wenigstens teilweise parasitische Lebensweise, indem sie sich mit ihren hornartigen Zähnen an andere Tiere anheften und deren Haut dann mit den scharfen, am Rande gezackten Hornplatten, die sich in der Mitte des Mundraumes befinden, durchraspeln. Wahrscheinlich alle machen in ihrer Jugend eine Verwandlung durch.

1. Rückenflossen voneinander getrennt.... (F) Flußneunauge, Petromyzon fluviatilis L.

2. Rückenflossen mehr oder weniger ineinander übergehend.... (F) Sandbricke, Petromyzon planeri Bl.

1. (F) Flußneunauge, Petromyzon fluviatilis L.

Das Flußneunauge, die Flußbricke, auch „Bricke" kurzweg, „Neunäugel" oder „Klieben" genannt, erreicht nur eine Länge von höchstens $1/_2$ m. Der Mund besitzt hauptsächlich in seinem vorderen Abschnitt in Reihen gestellte Zähne. Auch die den Mund umgebenden Barteln sind nicht besonders zahlreich und weiter voneinander entfernt. Die Farbe des Rückens ist ein einfarbiges Stahlblau, das auf dem Bauch in Weiß mit Silberglanz übergeht. Die Jugendform des Flußneunauges hat so wie die der nachfolgenden Art einen wurmförmigen, lichtfleischfarbenen Körper und hält sich hauptsächlich im Sand und Schlamm der Flüsse auf. Sie wird in manchen Gegenden ebenfalls als Speise verwendet.

2. (F) Bachneunauge, Petromyzon planeri Bl.

Das Bachneunauge, auch Sandbricke, Zwergbricke oder das kleine Neunauge genannt, unterscheidet sich von der vorhergehenden Art durch noch geringere Größe, durch geringe Unterschiede in der Bezahnung sowie dadurch, daß die beiden Rückenflossen ineinander übergehen. Die Färbung des Rückens nähert sich mehr dem Grünlichblau. Im übrigen sind die beiden Arten einander gleich.

II. Klasse. Eigentliche Fische, Pisces

Die Fische sind mit paariger Nasenöffnung versehene Kaltblüter, die das Wasser bewohnen und zeitlebens mit Kiemen atmen. Sie besitzen außer den paarigen Gliedmaßen, den Brust- und Bauchflossen, auch noch unpaare, in der Mittellinie des Körpers befindliche Flossen, die Rücken-, Schwanz- und Afterflosse. Ihr Herz hat nur eine Kammer und eine Vorkammer.

Die hier in Betracht kommenden drei Ordnungen von Fischen lassen sich kurz folgendermaßen unterscheiden:

1. Kein Kiemendeckel vorhanden, mehrere hintereinander liegende Kiemenöffnungen, Haut entweder nackt oder teilweise oder ganz mit kleinen körnchenartigen oder stacheligen Rauhigkeiten bedeckt, Männchen mit äußeren Geschlechtsanhängen, Skelett knorpelig, Mund mit Zähnen versehen.... Knorpelfische, Chondropterygii, S. 32.

2. Ein Kiemendeckel vorhanden, nur eine Kiemenspalte, Mund an der Unterseite des Kopfes (wie bei den Haien und Rochen), oberer Teil der Schwanzflosse viel länger als der untere (ebenfalls wie bei den Haien); über den Körper ziehen fünf Längsreihen von mehr oder weniger aneinander

anschließenden Knochenschildern, Schädel mit Hautknochenplatten gepanzert, Mund zahnlos .... Schmelzschupper, Ganoidei, S. 35.

3. Ein Kiemendeckel vorhanden, nur eine Kiemenspalte, Mund vorderständig oder nur sehr schwach unterständig, niemals so stark wie bei den beiden vorhergehenden Ordnungen, die obere Hälfte der Schwanzflosse niemals bedeutend größer als die untere, Körper meist vollständig beschuppt, seltener teilweise oder ganz nackt ... Knochenfische, Teleostei, S. 40.

A. Ordnung der Knorpelfische, Chondropterygii

Die Knorpelfische haben ein vollständig zu einer Kapsel verschmolzenes, knorpeliges Kopfskelett. Der quergestellte, mehr oder weniger stark gebogene Mund liegt, außer beim Engelhai, wo er nahezu vorderständig ist, auf der Unterseite des Kopfes. Die Kiemenbogen sind nicht bloß an den beiden Enden, sondern in ihrer ganzen Länge an Zwischenwänden festgeheftet, die eine der Zahl dieser Bogen entsprechende Anzahl von Kammern mit je einer Kiemenspalte bilden. Der Darm enthält in seinem Innern schraubenartig gewundene Hautfalten, die sogenannte „Spiralklappe". Es findet eine echte, innere Begattung statt mit Hilfe der beim Männchen ausgebildeten, durch scharfe messerartige Knorpel gestützten Geschlechtsanhänge, der Klammerorgane. Diese sind stabartige, vorne zugespitzte Gebilde, die an den inneren Kanten der Bauchflossen stehen. Die Knorpelfische sind teils lebendig gebärend, teils legen sie große, in taschenartigen Hornschalen eingehüllte Eier.

Die zu dieser Ordnung gehörigen Arten werden mit wenigen Ausnahmen als Nahrungsmittel sehr gering geschätzt und meist nur von der ärmeren Bevölkerung gegessen. Aus der Leber vieler Arten wird Öl (Tran) gewonnen.

1. Kiemenspalten auf der flachen Unterseite, der Bauchseite, des Körpers ... Rochen, Batoidei, S. 32.

2. Kiemenspalten an der Seite des meist walzenförmigen Körpers ... Haifische, Selachoidei, S. 34.

a) Unterordnung der Rochen, Batoidei

Die Rochen besitzen einen Körper von flacher, breiter Gestalt, der durch die den Kopf mehr oder weniger einschließenden Brustflossen gebildet wird. Ihre Haut ist entweder ganz glatt oder — besonders auf der Oberseite — mit Rauhigkeiten, Körnchen und größeren Stacheln, besetzt; ganz selten finden sich auch auf dem Bauche größere Stacheln. Die auf der Unterseite gelegenen Kiemenspalten stehen in der Zahl von fünf auf jeder Körperhälfte. Der breite, nur schwach gekrümmte Mund liegt quer hinter den gewöhnlich ziemlich großen Nasenlöchern. Es sind träge, grundbewohnende Tiere, die als meist schlechte Schwimmer auch ihren Standort wenig verändern.

Für uns kommt nur eine Gattung in Betracht.

Gattung der eigentlichen Rochen, Raia

Die eigentlichen Rochen haben einen rhombischen Körper, dessen Breite die Länge niemals bedeutend übertrifft. Der Schwanz, der sich von der Scheibe scharf absetzt, trägt auf seiner Oberseite eine oder mehrere Reihen von gekrümmten, scharfen, knöchernen Dornen und an seinem hinteren Abschnitt zwei durch einen tiefen Einschnitt voneinander getrennte Rückenflossen. Die Schwanzflosse ist vorhanden, wenngleich manchmal niedrig und klein. Auch auf dem Körper, insbesondere in seiner Mittellinie stehen Dornen, ebenso meist an den Rändern der Augen und auf der Schulter. Zudem erscheint die Rückenseite gewöhnlich größtenteils mit kleineren Stachelchen und Dörnchen besetzt, welche die Haut der Tiere rauh machen. Die Unterseite ist, mit Ausnahme einer Art, von großen Dornen frei, doch bei erwachsenen Tieren ebenfalls oft von kleinen Rauhigkeiten bedeckt. Die Männchen aller Arten haben an der Seite der Brustflossen einen Fleck von in mehreren Reihen stehenden, ganz an den Körper angedrückten, mit der Spitze gegen die Körpermitte zu gerichteten Stacheln. Die Augen sind in der Regel verhältnismäßig klein, der Mund ist sanft bogenförmig gekrümmt und mit kleinen, in senkrechten, gegen das Mundinnere zu verlaufenden Reihen angeordneten Zähnen versehen, die nicht bloß bei den verschiedenen Geschlechtern, sondern auch bei verschieden großen Tieren in bezug auf Form und Schärfe der Spitzen variieren. Das Fleisch wird bis auf das der zwei hier angeführten Arten wenig geschätzt.

1. Umgekehrt nagelförmige Dornen: auf einer breiten, rundlich schildförmig erhöhten Basis erhebt sich die scharf von dieser Basis absetzende gekrümmte Spitze; ebensolche Dornen treten oft auch auf der Bauchseite auf ....(M) Nagelrochen, Raia clavata L., S. 33.

2. Körper glatt, ohne Dornen .... (M) Glattrochen, Raia batis L., S. 34.

3. (M) Nagelrochen, Raia clavata L.

Der Nagelrochen ist eine sowohl in der Adria und im Mittelmeer wie auch in der Nordsee und an der Küste von Norwegen häufige Art, die eine Länge von 1 m erreichen kann. Die oben erwähnten charakteristischen Stacheln, die stets eine sehr bedeutende Größe haben, finden sich auf der Körperscheibe zerstreut, besonders in der Schultergegend und auf dem hinteren Teil der Brustflossen. Oft steht noch an der Spitze der Schnauze ein solcher Stachel. Auch treten auf der Bauchseite häufig ein oder mehrere derartige Nageldornen auf. Ihre Anzahl ist aber nicht bei allen Exemplaren die gleiche, ja es gibt Tiere, die wenige oder in selteneren Fällen gar keine von diesen Stacheln aufweisen. Die wichtigsten Dornenreihen sind: eine hinter den Augen beginnende und bis zur ersten Rückenflosse laufende Mittelreihe, ein Dorn zwischen den beiden Rückenflossen, zwei bis vier Dornen an jedem inneren Augenrand und eine seitliche Stachelreihe an jeder Seite des

Schwanzes. Die Oberseite des Körpers ist rauh, die Färbung braungrau mit lichteren, gelblichbraunen und dunkleren, schwärzlichen Flecken, der Schwanz insbesondere bei jungen Exemplaren meist abwechselnd licht und dunkel geringelt. Diese Rochenart ist eine der wenigen mit schmackhaftem Fleisch, das auch höher geschätzt wird.

4. (M) Glattrochen, Raia batis L.

Der Glattrochen kommt nur in den nördlichen Meeren vor, von wo er, meist geräuchert, auf unsere Märkte kommt. Seine Bauchseite ist dunkel gefärbt und zeigt schwarze Poren.

b) Unterordnung der Haifische, Selachoidei

Alle für uns in Betracht kommenden Arten haben einen walzen- oder spindelförmigen Körper und unterständiges, quergestelltes Maul, das meist mit mehreren Reihen von scharfen Zähnen besetzt ist. Die vor dem Maul an der Unterseite des Körpers liegenden geräumigen Nasenlöcher werden durch verschieden gestaltete Nasenklappen überdeckt. Hinter jedem Auge findet sich bei vielen Arten wieder eine Öffnung, das sogenannte „Spritzloch". Die Flossen sind meist sehr gut ausgebildet, die Schwanzflosse — die des Engelhaies ausgenommen — hat einen bedeutend größeren und längeren, sensenförmig geschwungenen oberen und einen kleineren unteren Abschnitt, der oft ganz rudimentär wird. Die Haut ist mit kleinen Schüppchen oder Stachelchen besetzt, deren Spitzen nach hinten gerichtet sind, weshalb sie sich, wenn man mit der Hand vom Kopf in der Richtung gegen die Schwanzflosse streicht, glatt, beim Streichen in umgekehrter Richtung rauh anfühlt. Diese Beschaffenheit der Haut ermöglicht ihre Verwendung zu mancherlei industriellen Zwecken. Aus der Leber vieler Arten wird Öl (Tran) gewonnen. Auch von den Haien besitzen nur einige wenige gutes Fleisch, das höher geschätzt wird, die meisten Arten werden ausschließlich von der ärmeren Bevölkerung gegessen. Fast alle Haie sind sehr gute Schwimmer und gehören zu den gefürchtetsten Raubfischen.

Für uns kommt nur eine Gattung mit zwei Arten in Betracht.

Gattung der Dornhaie, Squalus

Der gegen den Kopf zu sich verbreiternde Körper ist schlank, der Rücken mäßig gewölbt, der in eine spitze Schnauze ausgehende große Kopf mit schräg abfallender Stirn versehen und der Mund flach gebogen. Die Zähne sind dicht aneinandergereiht und von mittlerer Größe; sie haben eine gegen den Mundwinkel gerichtete, geneigte Spitze. Vor jeder der beiden Rückenflossen steht, mit seinem unteren Teile von der Basis der Flossen umhüllt, ein starker, gebogener Stachel. Die Haut ist rauh. Die Gattung umfaßt in der Adria zwei sehr häufig vorkommende, einander nahestehende und schwer unterscheidbare Arten, die nicht über 1 m lang werden und deren Fleisch in den Küstengebieten des Mittelmeeres das geschätzteste aller Haifischarten ist.

1. Die erste Rückenflosse beginnt deutlich hinter dem Ende der Brustflossen .... (M) Gemeiner Dornhai, Squalus acanthias L.

2. Die erste Rückenflosse beginnt vor dem Ende der Brustflossen, steht also zum Teil noch über denselben .... (M) Blainvilles Dornhai, Squalus Blainvillei Risso.

5. und *6. (M) Gemeiner* und *Blainvilles Dornhai, Squalus acanthias L.* und *Squalus Blainvillei (Risso).*

Die Farbe der ersten Art ist auf dem Rücken und den Seiten lichtgrau bis dunkelgrau, oft mit zerstreuten, weißen Punkten; der Bauch ist weiß. Bei der zweiten Art kommen niemals weiße Flecken vor.

B. Ordnung der Schmelzschupper, Ganoidei

Diese Ordnung ist in den europäischen Gewässern nur durch eine Familie, die Störartigen, Acipenseridae, vertreten. Der Querschnitt ihres langgestreckten Körpers erhält durch die über den Rumpf nach hinten ziehenden fünf Längsreihen von emailartigen Knochenschildern, die Schmelzschuppen, eine nahezu fünfkantige Form. Von diesen fünf Reihen von Knochenschildern geht eine in der Mitte des Rückens, die Rückenreihe, bis zur Rückenflosse, je eine an jeder Seite bis zur Schwanzflosse, die Seitenreihen, und je eine am Bauchrande vom Schultergürtel bis zur Bauchflosse, die Bauchreihen. Dazwischen wird die Haut von kleineren Schüppchen und Schildchen besetzt oder sie ist teilweise oder ganz nackt. Der ungefähr vierkantige Kopf fällt nach vorn in die mehr oder weniger stark verlängerte spitze Schnauze ab. Vor dem Munde stehen auf der Unterseite des Kopfes vier in Form und Stellung nach den einzelnen Arten verschiedene Barteln, die als Tastorgane dienen. Der quere, in einer Vertiefung liegende vorstreckbare Mund wird von dicken Lippen umgeben, die aber nur auf dem Oberkiefer vollständig ausgebildet, auf dem Unterkiefer dagegen mehr oder weniger auf die Mundwinkel beschränkt sind. Die kleinen Augen liegen seitwärts und sind oft an einem und demselben Tier von verschiedener Größe. Die Flossen werden durch Knorpelstrahlen gestützt; die Bauchflossen stehen weit hinten am Körper. Die Arten dieser Gattung gehören mit einer Ausnahme zu den Meeresfischen, die zum Laichen in das Süßwasser gehen und in den einzelnen Strömen und Flüssen weit hinaufsteigen. Die jungen Tiere halten sich noch längere Zeit im Süßwasser auf. Sie sind Fleischfresser und zum Teil Raubfische.

Die Schmelzschupper zählen zu den wichtigsten und wertvollsten Fischen, die in allen ihren Teilen eine sehr mannigfaltige Verwendung finden. Das Fleisch fast aller Arten ist von ausgezeichnetem Geschmack und eines der geschätztesten überhaupt. Aus den Eiern wird Kaviar bereitet; die Schwimmblase liefert ausgezeichneten Leim.

1. Kiemenhäute der beiden Körperseiten stehen miteinander in Verbindung und bilden einen hinteren, nirgends angewachsenen freien Rand. Der Mund ist groß und nimmt die ganze Breite der Kopfunterseite ein, die Barteln sind seitlich abgeplattet .... Gattung der Hausen, Huso.

2. Kiemenhäute sind an der Kehle angewachsen, ohne eine freie Falte zu bilden. Die Mundspalte ist mäßig groß und nimmt nicht die ganze Breite der Kopfunterseite ein. Die Barteln haben einen zylindrischen Querschnitt .... Gattung der Störe, Acipenser.

1) Gattung der Hausen, Huso

Die bei jungen Exemplaren spitze und schmale Schnauze ist vorne etwas aufgebogen; mit zunehmendem Alter wird sie stumpfer und breiter. Gleichzeitig macht sich auch eine Verminderung der Bepanzerung des Kopfes bemerkbar, die dadurch hervorgerufen wird, daß die in der Jugend dicht aneinanderstoßenden, den Kopf bedeckenden Knochenschilder nicht mehr viel wachsen, so daß Zwischenräume zwischen ihnen entstehen. Außerdem werden sie auch dünner. Der Rücken ist in der Regel mit 12 bis 13 radiär gestreiften Rückenschildern versehen. Die Zahl der Seitenschilder beträgt jederseits 40 bis 46; besonders die vorderen sind klein und flach und lassen Zwischenräume zwischen sich, weiter nach hinten werden sie immer höher und schärfer gekielt, je näher sie dem Schwanze stehen. Die Gestalt der Bauchschilder, zehn bis zwölf an der Zahl, ist größer und massiger als die der Schilder in den übrigen Reihen. Vor der Afterflosse liegen ein bis drei rundliche, flache Schilder. Im übrigen erscheint die Haut mit kleinen Körnchen bedeckt, die sie rauh machen. Die Farbe der Oberseite des Körpers ist blaugrau oder dunkelaschgrau, die der Bauchseite, der Schilder und der Schnauze gelblichweiß. Die vier Barteln stehen in einer Linie und dem an den Seiten schräg nach hinten gebogenen Mund nahe. Hieher gehört der

7. (*) Hausen, *Huso huso* (L.).

Der Hausen ist einer der größten im Süßwasser auftretenden Fische. Es sind Exemplare bekannt, die bis zu 8 m Länge erreichten. Sein Fleisch wird etwas weniger geschätzt als das der kleineren Störarten. Das gleiche gilt vom Kaviar und der Schwimmblase. Sein Hauptverbreitungsgebiet ist das Schwarze und Kaspische Meer, doch kommt er auch im Adriatischen Meer und im Mittelmeer vor.

2) Gattung der Störe, Acipenser

Mit Ausnahme der oben angegebenen Unterscheidungsmerkmale gleicht diese Gattung in den Grundzügen ihres Baues der vorhergehenden. Die einzelnen hieher gehörigen Arten lassen sich durch die Zahl der Seitenschilder und durch die Form der Schnauze unterscheiden.

A. Mehr als 50 Seitenschilder.
1. Schnauze spitz, schmal .... (*) Sterlet, Acipenser ruthenus L., S. 37.
2. Schnauze stumpf, kurz .... (*) Glattdick, Acipenser glaber Heck., S. 37.

B. Weniger als 50 Seitenschilder.
1. Schnauze stumpf, breit, 40 bis 42 Seitenschilder ....(*) Naccaris Stör, Acipenser naccarii (Bonap.,), S. 38.
2. Schnauze kurz, stumpf, ungefähr ein Drittel der ganzen Kopflänge, 24 bis 36 Seitenschilder .... (*) Waxdick, Acipenser Gueldenstaedti Brandt, S. 38.
3. Schnauze spitz, mäßig lang, ungefähr die Hälfte der ganzen Kopflänge, 26 bis 31 Seitenschilder .... (*) Gemeiner Stör, Acipenser sturio L., S. 39.
4. Schnauze sehr lang, schmal und spitz, ungefähr zwei Drittel der ganzen Kopflänge, 30 bis 40 Seitenschilder .... (*) Scherg, Acipenser stellatus Pallas, S. 39.

8. (*) Sterlet, Acipenser ruthenus (L.).

Der Sterlet, „Störl" oder „Stierl" hat eine lange, sanft aufgebogene, schmale, spitz zulaufende Schnauze, die sich in die gewölbt ansteigende Stirne fortsetzt. Auf der Schnauzenunterseite befindet sich eine knöcherne, an der Schnauzenspitze im Vergleich zu ihrem hinteren Teile breitere Mittelleiste. Sie ist mit drei warzenförmigen Knochenhöckern besetzt, von denen einer hinter und zwei vor den vier Barteln stehen. Von diesen entspringen die zwei äußeren etwas vor den beiden inneren. Der Mund erscheint nahezu gerade, die Unterlippe stark ausgebildet und in der Mitte kurz unterbrochen. Es sind 11 bis 14 Rückenschilder mit sehr breiter Basis, von denen das erste das größte ist, 60 bis 70 sich eng aneinanderschließende Seitenschilder und 10 bis 18 weit voneinander abstehende Bauchschilder vorhanden. Der Rücken ist graubraun bis schwärzlich, die Schilder sind schmutzigweiß gefärbt. Der Sterlet erreicht über 70 cm Länge, sein Fleisch und Rogen ist am geschätztesten von allen Störfischarten, auch die Schwimmblase liefert den besten Fischleim. Er kommt in der Donau bis weit hinauf vor, ebenso in ihren Nebenflüssen.

9. (*) Glattdick, Acipenser glaber Heck.

Der Glattdick hat eine kurze, nicht gebogene, breite und vorne abgerundete Schnauze. Ihre Unterseite ist nur bis auf eine schwache, unterbrochene, etwas rauhere Mittelleiste glatt. Die Barteln stehen so ziemlich in einer Linie, der Lippenwulst erscheint nirgends unterbrochen und nur in der Mitte der Unterlippe tief eingebuchtet. Die Schilder aller fünf Reihen sind weit voneinander entfernt und mit Ausnahme der Rückenreihe nicht stark entwickelt, die Bauchschuppen sogar verschwindend klein. Die Anzahl der Rückenschilder beträgt 12 bis 16, jene der Seitenschilder 50 bis 60 und jene der Bauchschilder 12 bis 15. Das erste Rückenschild ist das größte, die übrigen nehmen immer mehr an Größe ab. Die Farbe des rötlichgrauen Rückens wird gegen die Seiten zu lichter, die des Bauches und der Seitenschilder ist schmutzigweiß. Der Glattdick erreicht, wenn auch nur selten, eine Länge von $2^1/_4$ m. Er kommt in der Donau, Theiß und Drau vor.

10. (*) Naccaris Stör, *Acipenser naccarii Bonap.*

Der Naccaris-Stör hat eine breite, spitzbogenförmige Schnauze. Die Schilder der Kopfoberseite sind fein radiärstrahlig und schließen eng aneinander. Der breite Mund liegt ungefähr in der Mitte der Kopflänge, die untereinander gleich großen Barteln erreichen zurückgelegt mit ihrer Spitze nicht den Mund. Die Zahl der Rückenschilder beträgt 11 bis 14. Das erste ist das größte; die übrigen haben stark vorspringende, rückwärts gerichtete Spitzen. Hinter der Rückenflosse liegt eine Doppelreihe von 3 bis 4 Paaren kleiner Schildchen oder ein großes unpaares und je ein Paar kleiner. Weiters sind ungefähr 40 bis 42 Seitenschilder und ungefähr 10 Bauchschilder vorhanden. Zwischen den Bauch- und Afterflossen befinden sich zwei große gekielte Schilder. Die Haut zwischen den Schilderreihen ist mit zerstreuten, größeren und kleineren sternförmigen Knochenschildchen bedeckt, die Farbe oben schwärzlichbraun, auf dem Bauch und den Schildern schmutzigweiß. Diese Art bewohnt das Adriatische Meer, kommt aber nach den vorhandenen Angaben bedeutend seltener vor als die anderen.

11. (*) Waxdick, *Acipenser Gueldenstaedti Brandt.*

Der Waxdick hat eine breite, vorne stumpf abgerundete Schnauze. Sein Kopf ist mit unregelmäßig gestrahlten, derben, nicht vollständig oder gar nicht aneinander schließenden Hautschildern gepanzert. Auf der Unterseite der Schnauze befindet sich eine schwache, kurze, ungefähr bis zur Basis der Barteln nach hinten reichende Mittelleiste. Die Barteln stehen in gleicher Linie und reichen mit ihrer Spitze nicht bis an den breiten, mit einer in der Mitte eingebuchteten Oberlippe ausgestatteten Mund. Die Unterlippe erscheint in der Mitte breit unterbrochen. Es sind 10 bis 13 runde oder herzförmige Rückenschilder vorhanden, das erste Schild ist das größte; alle haben eine nach rückwärts gerichtete Spitze. Von den 24 bis 36 rautenförmigen, voneinander getrennt stehenden Seitenschildern sind die mittleren die größten. Die Zahl der Bauchschilder beträgt 8 bis 10. Zwischen After und Afterflosse liegt ein großes Schild. Die Haut zwischen den Schildern ist mit glatten und mit zerstreuten sternförmigen oder rundlichen Knochenschuppen von verschiedener Größe bedeckt. Die Farbe des Rückens ist bläulich aschgrau, jene der Unterseite und der Schilder weiß. Der Waxdick erreicht nicht ganz 4 m Länge und kommt in der Donau und ihren größeren Nebenflüssen vor, ebenso im Schwarzen Meer und in den russischen Flüssen. Er gehört zu den geschätztesten Störarten.

12. (*) Gemeiner Stör, *Acipenser sturio L.*

Der gemeine Stör hat eine spitz zugehende, mäßig breite Schnauze, die mit einer auf der Unterseite gelegenen, gegen hinten zu schmäler und immer undeutlicher werdenden, mit mehreren Knochenschildern bedeckten und bis hinter die Bartelansatzstelle laufenden Mittelleiste versehen ist. Von den Barteln, die bei weitem nicht den Mund erreichen, stehen die äußeren etwas weiter vorne als die inneren. Der mäßig große Mund hat eine schmale Oberlippe und eine wulstige, in der Mitte unterbrochene Unterlippe. Der Körper ist mit ziemlich eng aneinander schließenden Knochenschildern bedeckt. Die Anzahl der Rückenschilder, die nicht sehr stark erhaben sind und keine nach rückwärts gerichteten Spitzen besitzen, beträgt gewöhnlich 11; das fünfte bis neunte ist am größten; die Oberfläche erscheint gekörnt, nicht strahlig. An Seitenschildern sind 26 bis 31, an Bauchschildern 9 bis 11 vorhanden. Die Haut zwischen diesen Schilderreihen ist nur mit kleinen rauhen, aber niemals sternförmigen Knochenschüppchen besetzt, die Farbe des Rückens bräunlich, jene des Bauches silberglänzend und jene der Schilder schmutzigweiß. Er wird bis gegen $5^1/_2$ m lang — seine gewöhnliche Größe beträgt jedoch nur 2 m — und kommt im Atlantischen Ozean, in der Nord- und Ostsee, im Mittelländischen Meer und in den in diese Meere einmündenden Strömen vor.

13. (*) Scherg, *Acipenser stellatus Pallas.*

Der Scherg hat eine sehr lange, schmale Schnauze. Diese trägt auf der Unterseite eine breite, lange, bis hinter den Bartelursprung reichende und nach hinten zu sich verschmälernde Mittelleiste, deren Länge sich auf ungefähr zwei Drittel der Entfernung der Schnauzenspitze vom Mund beläuft. Die Barteln, von denen die äußeren etwas weiter vorne entspringen als die inneren, erreichen nicht den Mund, der eine schmal eingebuchtete Oberlippe und nur an den Mundwinkeln entwickelte Unterlippen besitzt. Die Schilder des Kopfes stoßen ziemlich eng aneinander. Diese Art hat die schmälste Gestalt von allen Stören. Es sind 12 bis 16 Rückenschilder mit nach hinten gerichteten, oft hakenförmigen Spitzen vorhanden, davon am größten das sechste bis achte, 30 bis 40 weit voneinander abstehende Seitenschilder und 10 bis 12 Bauchschilder. Die Haut zwischen den Schilderreihen ist mit kleinen, gezähnten Knochenschuppen unregelmäßig dicht besetzt, die Farbe des Rückens hellrotbraun bis blauschwarz, die der Seiten und des Bauches weiß, die der Schilder gelblichweiß. Er wird bis 2 m lang, liefert gutes Fleisch und eine sehr geschätzte Sorte von Kaviar und lebt sowohl im Schwarzen Meere als in den in dieses Meer einmündenden Strömen.

C. Ordnung der Knochenfische, Teleostei

Die Knochenfische schließen die weitaus größte Zahl aller Fischarten in sich. Sie besitzen ein verknöchertes Skelett, dessen Wirbel vollkommen ausgebildet sind. Die Kiemen stehen frei. Im Darm findet sich keine Spiralklappe. Die Sehnerven kreuzen sich. In dieser Ordnung ist eine große Anzahl verschiedenartiger Tiere, sowohl was inneren Bau, als auch was äußere Gestalt anbelangt, vereinigt. Daraus entsprang die Notwendigkeit, mehrere ihrerseits wieder in zahlreiche Familien geteilte Unterordnungen zu schaffen (siehe unten). Die Flossen der hieher gehörigen Fische werden durch schlanke Knochen gestützt, die sich bezüglich ihres Baues in zwei Arten scheiden lassen. Zur ersten gehören weiche, biegsame, die aus kleinen, aneinandergereihten Knochenstückchen bestehen, kenntlich durch zahlreiche Querteilungen; in ihrem oberen Teile sind sie vielfach auch in der Längsrichtung in zwei oder mehrere Äste gespalten. Sie werden als weiche Strahlen, Flossenstrahlen oder Strahlen schlechthin bezeichnet. In vielen Gruppen der Knochenfische werden die Flossen nur aus solchen weichen Strahlen gebildet. Die zweite Kategorie besteht aus mehr oder weniger steifen, aus einem Stück geformten, meist in eine scharfe Spitze auslaufenden, niemals quer- oder längsgeteilten Elementen; sie werden Flossenstacheln oder Stacheln schlechtweg genannt. Die Anzahl der Stacheln und Strahlen in den Flossen, besonders in der Rücken- und Afterflosse, ist eine sehr charakteristische und kann zur Unterscheidung mancher Arten dienen.[1])

Ein sehr brauchbares Unterscheidungsmerkmal liegt auch in der Zahl der Schuppen, die in einer Längsreihe auf dem Körper sich finden, in der sogenannten „Seitenlinie". Diese ist bei sehr vielen Arten leicht kenntlich durch die meist etwas geänderte Gestalt der Schuppen, die kleine, erhöhte, von Schleimkanälen herrührende Ausführungsgänge besitzen.

---

[1]) In den weiterhin vorkommenden Formeln sind folgende Abkürzungen verwendet worden:

$R\ (A)\ \dfrac{III}{11}$ heißt eine Rückenflosse (Afterflosse) mit 3 Stacheln und 11 weichen Strahlen.

R III/11 bezeichnet zwei Rückenflossen, von denen die erste aus 3 Stacheln, die zweite aus 11 Strahlen besteht.

In ähnlicher Weise erklären sich auch die anderen Abkürzungen, z. B. $R\ \dfrac{III}{7}/12$, $R\ VI/\dfrac{I}{10}$, R 11/19/21 usw.

I. Flossen ohne Stacheln, nur mit weichen Strahlen.
  A. Eine Rückenflosse, Bauchflossen, wenn vorhanden, bauchständig (hinter den Brustflossen).
    a) Keine Barteln.
      α) Bauchflossen vorhanden, Körper beschuppt.
        1. Kopf frei von Schuppen, Schnauze niemals breit niedergedrückt, Rückenflossen nicht dem Schwanze nahe, stets vor der Afterflosse .... Unterordnung der Weichflosser, Malacopterygii, S. 42.
        2. Die Wangenteile des Kopfes (Kiemendeckel usw.) mit Schuppen bedeckt, Schnauze breit, niedergedrückt, entenschnabelähnlich, Rückenflosse der gleich großen Afterflosse genau gegenüberstehend, sehr weit hinten am Körper, der Schwanzflosse genähert .... Unterordnung der Hechtartigen, Haplomi, S. 82.
      β) Bauchflossen fehlen.
        3. Körper aalartig (schlangenartig) nackt oder nur mit verkümmerten Schuppen besetzt, Rücken- und Afterflosse lang, erstere über den größten Teil der Körperlänge sich erstreckend .... Unterordnung der Kahlbäuche, Apodes, S. 80.
    b) Barteln vorhanden (6, 8 oder 10).
        4. Körper entweder nackt und dann Kieferzähne vorhanden oder beschuppt und dann ohne Zähne in den Kiefern, dafür Zähne auf den Schlundknochen .... Unterordnung der Karpfen- und Welsartigen, Ostariophysi (zum Teil), S. 59.
  B. Eine Rückenflosse, Bauchflossen fadenförmig, kehlständig (vor den Brustflossen stehend) ....
      5. Unterordnung der Stachelflosser, Acanthopterygii (zum Teil), S. 90.
  C. Mehr als eine (2 bis 3) Rückenflosse.
      6. Bauchflossen brust- oder kehlständig (unter oder vor den Brustflossen) .... Unterordnung der Stachellosen, Anacanthini, S. 85.
II. In einigen oder allen Flossen sind Stacheln vorhanden.
  A. Bauchflossen hinter den Brustflossen, gut entwickelt.
      7. Eine Rückenflosse mit 2 bis 4 gedrungenen Stacheln, Mund ohne Kieferzähne, Zähne auf den Schlundknochen .... Unterordnung der Karpfen- und Welsartigen, Ostariophysi (zum Teil), S. 59.
      8. Zwei Rückenflossen, von denen die erste nur aus Stacheln besteht .... Unterordnung der Barschhechte, Percesoces, S. 82.
  B. Bauchflossen vollständig fehlend.
      9. Schwanz gekielt, entweder der Oberkiefer schwertförmig verlängert oder der Körper dick, walzenspindelförmig ... Unterordnung der Stachelflosser, Acanthopterygii (zum Teil), S. 90.
  C. Bauchflossen unter oder vor den Brustflossen.
      10. Auf dem sehr breiten Kopfe drei einzelne aufrichtbare

Stacheln, am oberen Ende mit lappenartigen Hautanhängen versehen, die als Fangorgane dienen, Körper nackt, Mund die ganze Breite des Kopfes einnehmend .... Unterordnung der Armflosser, Pediculati, S. 119.

11. Keine freien, aufrichtbaren mit lappigen Hautanhängen versehenen und als Fangorgane dienenden Stacheln auf dem Kopfe .... Unterordnung der Stachelflosser, Acanthopterygii (zum Teil), S. 90.

a) Unterordnung der Weichflosser, Malacopterygii

Die Weichflosser im engeren Sinne umfassen die am niedrigsten stehenden Knochenfische, die wenigstens in einigen Vertretern noch in mancher Beziehung Ähnlichkeiten mit den Verhältnissen bei den Schmelzschuppern aufweisen. Sie besitzen gut entwickelte Kiemendeckel, die Schwimmblase ist, wenn vorhanden, mit dem Verdauungstrakt durch einen Gang in Verbindung; auch ist der Brustflossengürtel mit dem Schädel verbunden. Die vorderen Wirbel sind deutlich, vollkommen entwickelt und nicht miteinander verschmolzen. Bei einer Gruppe kommt eine sogenannte „Fettflosse" vor, eine kleine, nicht von Knochenstrahlen oder Stacheln gestützte Flosse hinter der eigentlichen Rückenflosse.

A. Keine Fettflosse.
1. Bauch glatt, an der Unterseite keine starken, sägezahnartigen Knochenschildchen tragend, Oberkiefer über den Unterkiefer vorragend .... Familie der Sardellen, Engraulidae, S. 42.
2. Bauchkante mit starren, sägezahnartigen Knochenschildchen besetzt, Oberkiefer nicht über den Unterkiefer vorragend .... Familie der Heringe, Clupeidae, S. 43.
B. Eine Fettflosse ist stets vorhanden .... Familie der Lachsartigen, Salmonidae, S. 47.

A. Familie der Sardellen, Engraulidae

Die einzige für uns in Betracht kommende Vertreterin dieser Familie ist die

14. (M) Sardelle, Engraulis encrasicholus (L.).

Die Sardelle oder Anchovis besitzt einen schwach seitlich zusammengedrückten Körper mit rundem, nicht kantigem Bauch und spitzer Schnauze. Der Kopf ist stark zusammengedrückt. Die Kiefer des weitgespaltenen Mundes sind mit sehr feinen Zähnen besetzt. Der Körper erscheint mit ziemlich großen, leicht abfallenden Schuppen bedeckt, die insbesondere an den Seiten und auf dem Bauche intensiven Silberglanz haben, während der Rücken eine dunkelblaue Färbung aufweist. An der Grenze zwischen diesen beiden Färbungen zieht sich ein dunkelgrünblauer oder schwärzlicher Längsstreifen hin. Die Wangenteile des

Kopfes glänzen goldig. Der Beginn der Rückenflosse steht ungefähr in der Mitte zwischen Schnauzenspitze und Schwanzwurzel, die Afterflosse beginnt in einiger Entfernung hinter ihr; beide Flossen haben 16 bis 17 weiche Strahlen. Die Art wird gewöhnlich bis 15 cm, selten bis 20 cm lang und kommt im Mittelmeer in großen Mengen vor; sie ist auch im Atlantischen Ozean an den europäischen Küsten bis hinauf nach Norwegen verbreitet. Man verarbeitet sie meist zu Konserven.

B. Familie der Heringe, Clupeidae

Der Körper ist seitlich mehr oder weniger stark zusammengedrückt und mit dünnen, großen Schuppen bedeckt, die sehr leicht abfallen, der Kopf immer schuppenlos. Manchmal erstrecken sich aber die Schuppen auf Teile der Flossen, besonders der Schwanzflosse. Der Bauch geht nach unten in eine mit hintereinanderstehenden Kielschuppen besetzte Kante über. Eine ununterbrochene Seitenlinie fehlt und nur kleine Reste derselben sind mitunter, z. B. beim Hering auf den ersten Schuppen, vorhanden.

In unserem Gebiete sind zwei Gattungen vorhanden.

a) Körper ohne dunkle Punkte an den Seiten, Kiemendeckel glatt. Oberkiefer nicht durch einen tiefen Ausschnitt in der Mitte gespalten, an der Basis der Schwanzflosse keine zwei großen Schuppenplatten .... Gattung der eigentlichen Heringe, Clupea, S. 43.

b) Körper wenigstens im vorderen Teile mit dunklen Flecken besetzt, auf dem Mittelteile der Schwanzflosse stehen zwei große Schuppenplatten, Kiemendeckel glatt oder gestreift, Oberkiefer in der Mitte durch einen Ausschnitt gespalten .... Gattung der Maifische, Alausa, S. 45.

1) Gattung der eigentlichen Heringe, Clupea

Die hieher gehörigen Arten besitzen die bekannte, allen Heringsarten zukommende Gestalt. Die Augen sind verhältnismäßig groß und haben keine oder nur ganz verkümmerte, knorpelartige Augenlider. Die Bezahnung der Kiefer ist gewöhnlich sehr schwach, außerdem finden sich auch Zähne im Innern des Mundes, z. B. auf dem Pflugscharbein. Die Schwanzflosse weist stets eine tiefe Gabelung auf.

1. Die Rückenflosse beginnt vor dem Ansatz der Bauchflossen .... (M) Hering, Clupea harengus (L.), S. 43.

2. Die Rückenflosse beginnt hinter, seltener über dem Ansatz der Bauchflossen .... (M) Papalinensprotte, Clupea phalerica (Risso), S. 45 und (M) Sprotte, Clupea sprattus L., S. 44.

15. (M) Hering, Clupea harengus (L.).

Der Hering hat einen mäßig seitlich zusammengedrückten, ziemlich hohen, schlanken Körper und einen etwa dreikantigen, pyramidenförmigen Kopf mit vorspringendem Unterkiefer. Die Augen sind rund

und stehen sehr hoch, so daß ihr oberer Rand sich nahezu an die Stirn-
fläche anschließt. Die großen Kiemendeckel werden von verhältnismäßig dünnen Knochen gebildet. Die Rückenflosse, die 18 bis 20
Strahlen enthält, steht ungefähr in der Mitte des Körpers. Die Afterflosse besteht aus 16 bis 18 Strahlen und ist etwas niedriger als die
Rückenflosse. Auf der Bauchkante liegen zwischen den Brust- und
Bauchflossen 27 bis 30 und zwischen den Bauchflossen und dem After
13 bis 15 Randplatten, die einen kleinen, nach hinten gerichteten
Stachel tragen. Die Farbe des Rückens ist grünblau oder stahlblau mit
grünlichem und goldenem Schimmer, die der Seiten silberglänzend,
die der Schnauze und der oberen Partien des Kopfes oft tiefschwarz,
endlich die der Kiemendeckel goldig glänzend. Die Flossen sind bis
auf die etwas dunklere Rücken- und Schwanzflosse weiß und durchscheinend. Der Hering kommt im ganzen nördlichen Teil des Atlantischen Ozeans vor; er wird ausnahmsweise bis 50 cm, gewöhnlich
aber nur 30 bis 35 cm lang. Die Fischer und Fischaufbereitungsstätten
bedienen sich gewisser Spezialbezeichnungen für ihre Fänge und Erzeugnisse. „Fettheringe" sind z. B. im Sommer (August) gefangene
Heringe, „Übernachtheringe" oder „Storheringe" solche, deren Ein-
salzung und Verpackung nicht am Tage des Fanges selbst, sondern
erst am nächsten Tage vorgenommen werden konnte, „Jager-" oder
„Jägerheringe" die mit den ersten schnellen Heringschiffen („Jagern")
so rasch als möglich ans Land gebrachten Fische der ersten Fänge.
Der „Matjeshering" oder „Fetthering" ist der eben in die geschlecht-
liche Entwicklung eingetretene Hering, der „Vollhering" der große,
fette und schmackhafte, geschlechtlich vollständig entwickelte Fisch,
endlich der „Ihlenhering" das ausgelaichte, also rogen- oder milch-
lose, magere und trockene, aber wohlschmeckende Tier.

16. (M) Sprotte, Clupea sprattus L.

Die Sprotte, auch „Breitling" genannt, gleicht in ihrer gesamten
Gestalt sehr dem Hering, doch erreicht sie niemals eine so bedeutende
Größe wie dieser und wird höchstens 17 cm lang. Außer der von der
vorhergehenden Art verschiedenen Stellung der Rückenflosse zu den
Bauchflossen ist sie vom Hering hauptsächlich durch die geringere
Anzahl der Bauchplatten leicht zu unterscheiden. Die Sprotte besitzt
nämlich bloß 20 bis 24, gewöhnlich 22 bis 23 Bauchplatten vor den
Bauchflossen und 9 bis 13, gewöhnlich 11, zwischen den Bauchflossen
und dem After. Kleinere Unterschiede sind auch, daß das Auge verhältnismäßig etwas größer und der Unterkiefer kürzer ist. Die Rückenflosse hat 17 bis 19, die Afterflosse 18 bis 20 Strahlen. Die Färbung
gleicht der des Herings.

Diese Art wird oft auch als „Anchovis" zubereitet und in manchen
Gegenden hauptsächlich geräuchert (Kieler Sprotten). Sie kommt im
Atlantischen Ozean an den deutschen, englischen und skandinavischen

Küsten in großen Mengen vor. Im Mittelmeer und in der Adria wird sie durch eine sehr ähnliche Art vertreten, die

17. (M) Papalinensprotte, Clupea phalerica (Risso).

Die Papalinensprotte oder Papaline wird etwas über 10 cm lang und unterscheidet sich von der eigentlichen atlantischen Sprotte hauptsächlich durch die verhältnismäßig bedeutendere Größe des Kopfes und die etwas weiter nach vorne gerückte Stellung der Rückenflosse. Auf dem Bauch sind meist 20 Schuppenplatten bis zur Bauchflosse und 10 bis 11 hinter dieser bis zum After vorhanden. Die Rückenflosse hat 17, die Afterflosse 18 bis 19 Strahlen. Sie wird nur im Winter gefangen und als „Sardelle" oder „Sardine" verarbeitet.

2) Gattung der Maifische, Alausa

Die dieser Gattung angehörigen Arten zeigen im allgemeinen Körperbau keine von der früheren Gattung abweichenden Formen. Sie sind jedoch durch das Vorhandensein der schon erwähnten (S. 43) zwei großen Schuppenplatten sofort von diesen zu unterscheiden. Sie liegen an der Basis, und zwar im mittleren Teile der Schwanzflosse, und lassen zwischen sich einen schuppenlosen Teil der Flosse frei, während bei den Heringsarten die Beschuppung an der Schwanzwurzel mit einer nahezu geraden, nur sanft gebogenen Grenzlinie aufhört. Drei von den hierher gehörigen vier Arten steigen zu gewissen Zeiten des Jahres weit die Flüsse hinauf und laichen teilweise auch im Brack- oder Süßwasser.

A. Kiemendeckel gestreift, Oberkiefer in der Mitte durch einen großen Ausschnitt gespalten (Untergattung Alausa).
  a) 37 bis 42 Bauchkiele.
    1. R 20 bis 21, A 25 bis 27, ungefähr 90 bis 120 Kiemenreusen auf dem ersten Kiemenbogen, auf der Seitenlinie 70 bis 80 Schuppen .... (*) Maifisch, Alausa alosa (L.), S. 45.
    2. R 19 bis 21, A 20 bis 24, ungefähr 40 bis 60 Kiemenreusen auf dem ersten Kiemenbogen, auf der Seitenlinie 60 bis 65 Schuppen .... (*) Finte, Alausa finta (Cuv.), S. 46.
  b) 32 bis 33 Bauchkiele. R 15 bis 17, A 18, auf der Seitenlinie 52 bis 55 Schuppen .... (*) Nordmanns Maifisch, Alausa Nordmanni (Antipa), S. 46.
B. Kiemendeckel glatt, Oberkiefer in der Mitte nur ganz leicht ausgeschnitten (Untergattung Sardinella) .... (M) Sardine, Alausa pilchardus (Walb.), S. 46.

18. (*) Maifisch, Alausa alosa (L.).

Der Maifisch, auch „Alse" genannt, gleicht in seinen allgemeinen Körperformen dem Hering, nur daß er verhältnismäßig dicker ist. Bei den einzelnen Altersstadien und Geschlechtern lassen sich mannigfache Verschiedenheiten in der Körperform, hervorgerufen durch größere oder geringere Körperlänge, Kopflänge usw. feststellen. Das Auge wird von einem knorpelartigen, halbmondförmigen vorderen und hinteren Lid teilweise bedeckt. Die Färbung ähnelt sehr der des Herings: auf dem Rücken ein metallisches Olivengrün, das an den Seiten in Goldglanz übergeht, und hinter dem Kiemendeckel ein großer dunkler Fleck, dem eine Reihe von ebensolchen, meist gegen hinten kleiner werdenden Flecken in wechselnder Zahl folgt. Der Maifisch erreicht eine Länge von 60 cm und ein Gewicht von über 1 kg, selten darüber. Im Mai steigt er in großen Scharen aus dem Meere zum Laichen in die Flüsse, ja auch in die kleineren Nebenflüsse, die er bis weit hinauf durchschwimmt. Zu dieser Zeit wird er gefangen. Das eigentümliche Geräusch, das die Tiere durch Schlagen mit den Schwanzflossen auf die Oberfläche des Wassers beim Absetzen des Laiches hervorrufen, verrät den Fischern die Gegenwart solcher Schwärme.

19. (*) Finte, Alausa finta (Cuv.).

Die Finte ist in Körperbau und Färbung der früher beschriebenen Art überaus ähnlich. Das leichtest erkennbare Unterscheidungsmerkmal bildet die Verschiedenheit der Kiemenreusen auf dem ersten Kiemenbogen, das ist der seitlich auf diesem Kiemenbogen aufsitzenden Blättchen. Während diese bei der ersten Art nur sehr dünne, lange und zarte Gestalt haben und infolgedessen in größerer Anzahl auf dem ersten Kiemenbogen stehen, sind sie hier breiter, stärker, kürzer und deshalb nur in weit geringerer Anzahl vorhanden. Auch in der Gestalt der Afterflosse zeigt sich ein kleiner Unterschied; sie ist bei der vorliegenden Art verhältnismäßig kürzer. Außerdem sind noch einzelne andere Unterschiede zu finden, die sich aber nicht zur raschen Identifizierung eignen. Die Finte wird größer und schwerer als der Maifisch; sie erreicht oft eine Länge von über 70 cm und ein Gewicht von 2 bis $2^1/_2$ kg. Ihr Fleisch wird aber bei weitem nicht so geschätzt. Beide Arten kommen sowohl im Atlantischen Ozean als auch im Mittelmeer und in der Adria vor.

Die dritte sich eng anschließende Art ist:

20. (*) Nordmanns Maifisch, Alausa Nordmanni Antipa.

Nordmanns Maifisch vertritt die beiden vorhergehenden Arten im Schwarzen Meere, aus dem er massenhaft in die Donau bis Belgrad, und vereinzelt auch bis nach Budapest und Preßburg, also sehr weit hinaufsteigt. Sein Rücken ist grünlichschwarz oder grau, die Bauchseite silberweiß. Hinter dem Kiemendeckel beginnt eine Reihe von 6 bis 9 dunklen Flecken. Er erreicht eine Länge von ungefähr 20 cm.

21. (M) Sardine, Alausa pilchardus (Walb.) (ital. Sardella).

Die Sardine oder der Pilchard, eine für unsere Fischerei besonders wichtige Art, besitzt eine schlanke, nicht sehr breite Körperform, die im übrigen der des Herings gleicht. Die vor der Bauchflosse beginnende und in der ersten Hälfte des Körpers stehende Rückenflosse wird aus 17 bis 18, die sehr niedrige und langgestreckte Afterflosse aus 17 bis 21 Strahlen gebildet. Die Schuppen sind sehr groß, das Auge besitzt nur kleine, nicht besonders stark entwickelte knorpelige Augenlider. Vor den Bauchflossen stehen ungefähr 20, hinter diesen 14 bis 16 stacheltragende Schuppenkiele auf der Bauchkante. Der Rücken hat eine grünblaue, die Seiten und der Bauch eine silberweiße Färbung, unter der Seitenlinie tritt eine Reihe von 6 schwärzlichen, kleinen, manchmal nur undeutlich sichtbaren Flecken auf. Die Kiemendeckel haben goldenen Schimmer. Die Sardine erreicht eine Länge von 20 bis 30 cm. Sie kommt im Atlantischen Ozean bis an die Küsten von Norwegen hinauf vor, ferner im ganzen Mittelmeer und in der Adria. In Öl gekocht, wird sie zu der bekannten Konserve verarbeitet oder kommt eingesalzen als Sardelle in den Handel.

C. Familie der Lachsartigen, Salmonidae

Die Lachse haben einen mehr oder weniger gestreckten, meist walzenförmigen und stets mit Schuppen bedeckten Körper. Der Kopf ist schuppenlos. Alle besitzen in der Schwanzregion des Körpers, ungefähr gegenüber der Afterflosse, die kleine lappenartige, strahlen- und stachellose Fettflosse (S. 42); meist steht sie beträchtlich hinter dem Beginn der Afterflosse. Am Darme finden wir zahlreiche Anhänge, sogenannte „Blinddärme". Die zu dieser Familie gehörigen Arten sind starke, kräftige Raubfische. Nur eine der vier in Betracht kommenden Gattungen bewohnt ausschließlich das Meer, die anderen sind entweder reine Süßwasserfische oder sie leben nur zeitweise im Meere und unternehmen zur Laichzeit große Wanderungen in die Flüsse. Diese Gruppe umfaßt einige der wertvollsten und geschätztesten Edelfische unserer Fischmärkte.

A. Mund klein, Oberkiefer vor dem Auge endigend oder nur bis unter den Vorderrand desselben reichend.

a) Rückenflosse höher als lang, Kiefer zahnlos, die Zunge mit feinen Zähnen besetzt .... Gattung der Renken, Coregonus, S. 48.

b) Rückenflossen länger als hoch, bedeutend länger als die Afterflosse, Kiefer, Pflugschar- und Gaumenbeine mit feinen, spitzen Zähnen besetzt, Schuppen mittelgroß, steif, festsitzend .... Gattung der Äschen, Thymallus, S. 51.

B. Mund groß, Mundspalte stark bis hinter den vorderen Augenrand reichend. Spitze Zähne im Zwischen-, Ober- und Unterkiefer und an den Gaumenbeinen sowie am Pflugscharbein, Schuppen klein, zart, Rückenflossen nicht viel größer und länger als die Afterflosse .... Gattung der Lachse, Salmo, S. 51.

1) Gattung der Renken, Coregonus

Die Renken sind lachsartige Fische, die bis Mittelgröße erreichen. Sie haben einen seitlich zusammengedrückten Körper, einen kleinen Mund mit enger Mundspalte und winzigen Zähnen in der Mundhöhle, eine Fettflosse, die über dem letzten Drittel der Afterflosse steht, und eine hohe, in kurzer Entfernung vor dem Beginn der Bauchflosse entspringende Rückenflosse. Die hierher gehörigen Arten ähneln einander sehr; ihre wissenschaftliche Trennung stößt daher vielfach auf große Schwierigkeiten. Die Renken bewohnen vorzugsweise Gebirgsseen. Dort halten sie sich in größerer Tiefe auf; nur zum Laichgeschäft steigen sie in höhere Wasserschichten. Zu dieser Zeit entstehen auf den Schuppen der Körperflanken leistenartige Verdickungen, die auf jeder einzelnen Schuppe von vorne nach hinten gehen und auf dem Körper erhöhte, parallel laufende Längsreihen bilden. Nachher werden die Verdickungen wieder abgestoßen und bedecken dann oft in großen Massen die Oberfläche des Wassers. Die Laichzeit ist bei den verschiedenen Arten sehr verschieden und wechselt stark auch bei ein und derselben Art wohl je nach den Verhältnissen des Sees, in dem sie lebt. Sie dauert verhältnismäßig lange an.

Die folgende Unterscheidungstabelle gründet sich auf die nach dem heutigen Stande unserer Kenntnisse charakteristischesten und zur Bestimmung gültigen Merkmale.

Nach der Form der Schnauze lassen sich zwei Gruppen voneinander trennen:

1. Ober- und Unterkiefer ungefähr gleich lang, Mund endständig .... (F) Blaufelchen, Coregonus Wartmanni Bl., S. 48, und (F) Gangfisch, Coregonus macrophthalmus Nüsslin, S. 49.

2. Oberkiefer vorragend, mehr oder weniger schnauzenartig vorstehend.. (F) Sandfelchen, Coregonus lavaretus L., S. 49, (F) Kilch, Coregonus hiemalis Jur., S. 50, und (F) Große Maräne, Coregonus maraena Bl., S. 50.

Die zwei der ersten Gruppe angehörigen Formen stehen einander überaus nahe und lassen sich nur auf Grund folgender geringfügiger konstanter Unterschiede voneinander trennen:

1. Kopfrücken und Körperrücken hell, Rückenflossen, Schwanz- und Bauchflossen und etwas schwächer auch die Brustflossen in den Randpartien dunkel gefärbt .... (F) Blaufelchen, Coregonus Wartmanni Bl., S. 48.

2. Kopfrücken und Körperrücken dunkel gefärbt, Flossen hell .... (F) Gangfisch, Coregonus macrophthalmus Nüsslin, S. 49.

22. (F) Blaufelchen, Coregonus Wartmanni Bl.

Der Blaufelchen besitzt eine mäßig gestreckte, seitlich zusammengedrückte Körpergestalt und einen kleinen zugespitzten Kopf. Die Augen sind ziemlich groß; ihr Durchmesser beträgt etwas mehr als ein Fünftel der Kopflänge. Der breite, den Unterkiefer zum großen Teil bedeckende Oberkiefer reicht bis zum vorderen Augenrand. Der Mund ist völlig zahnlos und nur die Zunge mit feinen spitzen Zähnchen besetzt.

Die Stirn steigt sanft an. Der Körper erhebt sich hinter dem Kopf etwas steiler, erreicht jedoch schon vor der Rückenflosse seinen höchsten Punkt. Die Bauchseite bildet einen gleichen Bogen. Die langen und dünnen Rechenzähne an den Kiemenbogen, die Kiemenreusen, stehen dicht gedrängt. Der Bauch ist verhältnismäßig dünnwandig und nach den Seiten hin nicht kantig abgesetzt, der Oberkopf und der Rücken bis zur Seitenlinie hellblau, die Seitenlinie schwärzlich punktiert. Die Seiten des Kopfes und des Bauches sind silberglänzend. Der Blaufelchen erreicht eine Länge von nahezu $^1/_2$ m und ein Gewicht von etwa 1 kg; hie und da werden jedoch auch noch größere und schwerere Exemplare gefangen. Er findet sich im Bodensee, und zwar im Obersee, ferner im Attersee, Fuschlersee und Traunsee, wo er von den Fischern „Rheinanke (Reinanke)" genannt wird. Der Blaufelchen lebt in beträchtlicher Tiefe (12 bis 30 m) und laicht im Bodensee im Februar und März, fern vom Ufer. Zur Laichzeit sammelt er sich in sehr großen Scharen und dann findet auch der hauptsächlichste Fang statt. Seine Nahrung besteht aus Pflanzenstoffen und kleinen im Wasser treibenden Tierchen. Die Rheinanken des Traunsees laichen Ende November bis Anfang Dezember an flachen Stellen, insbesondere im Traunfluß.

Anmerkung. In neuerer Zeit wurden diese Rheinanken des Traunsees als eigene Art abgetrennt und mit dem Namen Coregonus Steindachneri Nüsslin belegt.

23. (F) Gangfisch, Coregonus macrophthalmus Nüsslin.

Der Gangfisch unterscheidet sich vom Blaufelchen außer durch die oben angegebenen Merkmale noch durch die gestrecktere Körperform, den weniger gebogenen Rücken, einen längeren, höheren und dickeren Kopf, das größere Auge, das in der Kopflänge etwa viermal enthalten ist, den breiteren, nach den Seiten deutlich kantig abgesetzten, dickwandigen Bauch und die etwas größeren Bauch- und Afterflossen. Er lebt im Bodensee, vorwiegend im Untersee.

Die Arten der zweiten Gruppe lassen sich kurz folgendermaßen unterscheiden:

1. Oberkiefer nicht bis unter den vorderen Augenrand reichend; das Profil der Rückenseite bildet einen flacheren Bogen als das der Bauchseite, Flossen meist schwärzlich gerandet .... (F) Sandfelchen, Coregonus lavaretus L., S. 49, und (F) Große Maräne, Coregonus maraena Bl., S. 50.

2. Oberkiefer bis unter den vorderen Augenrand reichend. Das Profil der Rückenseite bildet einen stärkeren Bogen als das der Bauchseite, das nahezu gerade verläuft; Flossen meist auch am Rande farblos. (F) Kilch, Coregonus hiemalis Jur., S. 50.

24. (F) Sandfelchen, Coregonus lavaretus L.

Der Sandfelchen hat einen größeren Kopf als der Blaufelchen, denn die Kiemendeckel sind nach rückwärts gezogen, weshalb der Kopf in dieser Richtung verlängert erscheint, auch eine kurze, ganz oder nahezu senkrecht abgestutzte Schnauze, höher gebauten Körper, größere Schuppen und einen höheren Schwanzstiel; ferner sind die Brustflossen länger als beim Blaufelchen. Die Färbung des Rückens und des oberen Kopfteiles ist glänzend stahlblau oder schwarz, die der Seiten silberglänzend oder lichtgrau, die des Bauches milchweiß. Die Flossenfärbung variiert ziemlich. Manchmal sind die Flossen ganz schwarz, gewöhnlich aber licht mit dunkleren Rändern. Mitunter finden sich wieder lichte Brustflossen, während alle anderen einen schwarzen Rand haben. Diese Art lebt im Bodensee, in den Seen Oberösterreichs (Traun- und Attersee), dann in den Seen Bayerns und der Schweiz. Sie laicht im Dezember in ziemlich großer Tiefe und erreicht eine Größe von 40 bis 45 cm bei einem Gewicht von etwa $^1/_2$ kg.

In den großen Seen von Pommern, Mecklenburg und Schweden (zum Beispiel im Wener- und Wettersee) kommt eine Renkenart vor, die

25. (F) Große Maräne oder Maduimaräne, Coregonus maraena Bl.

Diese wird nahezu 1 m lang und 6 kg schwer. Sie wurde in die großen Fischzüchtereien in der Tschechoslowakei, z. B. nach Wittingau, auch nach Steiermark, Oberösterreich und in den Bodensee verpflanzt und gleicht dem Sandfelchen außerordentlich; nur kleine Verschiedenheiten in der Schnauzenbildung nebst ihrer bedeutenderen Größe unterscheiden sie von dem letzteren. Man hat sie gelegentlich als eigene Art (Coregonus maraena Bl.) vom Sandfelchen abgetrennt. Vermutlich stellt sie aber nichts als eine durch den Aufenthalt in größeren Seen unter sehr günstigen Lebensbedingungen weiter entwickelte und größer gewordene Form des Sandfelchens dar.

26. (F) Kilch, Coregonus hiemalis Jur.

Der Kilch hat einen gedrungeneren Körper als die vorige Art, von der er sich sehr auffallend durch den stark gebogenen Rücken und die steilansteigende Stirn unterscheidet; außerdem kennzeichnet ihn auch seine helle Färbung. Der Rücken ist braungelb gefärbt. Die Flossen sind fast ganz farblos; nur die Ränder der Rücken- und Schwanzflosse und manchmal auch die äußersten Spitzen der übrigen Flossen erscheinen oft schwärzlich gesäumt. Er kommt an den tiefsten Stellen des Bodensees und einiger anderer Seen vor und laicht gegen Ende September. Wenn er aus der Tiefe heraufgebracht wird, so treiben die in den Eingeweiden vorhandenen Gase seinen Körper stark auf, woher er auch den Fischernamen „Kröpfling" erhalten hat. Als Nahrungsmittel spielt er wegen der Schwierigkeit des Fanges eine viel geringere Rolle als die anderen Renkenarten. Er erreicht eine Größe von ungefähr 20 bis 22 cm.

2) Gattung der Äschen, Thymallus

Diese Gattung wird nur durch eine Art bei uns vertreten.

27. (F) Äsche, *Thymallus thymallus (L.)*.

Der Körper der Äsche ist schlank, der Kopf klein, der Unterkiefer kürzer als der Oberkiefer. Dieser reicht nach hinten nur bis an den vorderen Rand des Augapfels. In den Kiefern sind feine Zähnchen. Der Rücken steigt bis zum Beginn der Rückenflosse an, deren Basis etwa doppelt so lang wie die der Afterflosse ist. Die Schuppen sitzen ziemlich fest und gleichen denen der karpfenartigen Fische; sie sind auf dem Rücken kleiner als auf den Seiten und am kleinsten auf dem Bauche und an der Brust. Die Färbung ändert sich mit dem Alter, der Jahreszeit und dem Standorte beträchtlich. Der Rücken ist meist grünlich- oder bläulichbraun oder grau mit purpurnem Schimmer, die Bauchseite silberglänzend, der Kopf oben bräunlich, seitwärts gelblich und die vordere Körperhälfte mit einzelnen schwarzen Flecken und Punkten besetzt; längs der Körperseite verlaufen Reihen von dunkleren Parallelstrichen. Die Bauch- und Afterflossen sind violett, die Rücken- und Schwanzflossen dunkler gesäumt; die mit 3 bis 4 Reihen von dunkelbraunen Flecken und Binden versehene Rückenflosse hat violette Grundfarbe. In der Jugend sind alle Flossen hell durchscheinend. Die Äsche erreicht eine Länge von etwas über $^1/_2$ m und ein Gewicht bis zu 2 kg, über $1^1/_2$ kg schwere Fische dieser Art werden jedoch selten angetroffen. Die Männchen bleiben stets kleiner als die Weibchen. Die Äsche kommt in klaren, fließenden Gewässern mit steinigem Grund in ganz Europa vor und laicht in unseren Gegenden im Monat März. Ihr Fleisch wird sehr geschätzt.

3) Gattung der Lachse, Salmo

Die hierher gehörigen Arten haben meist einen kräftigen, gedrungenen oder auch einen schlank-spindelförmigen Körper, der mit feinen Schuppen bedeckt ist. Sie sind ausgezeichnete Schwimmer und ausnahmslos sehr gefräßige Raubfische. Manche von ihnen vollführen zur Laichzeit große Wanderungen. Da in neuerer Zeit der Reichtum unserer Gewässer an diesen geschätzten Edelfischen vielfach stark abgenommen hat, anderseits eine künstliche Befruchtung gerade bei den lachsartigen Fischen leicht und ergebnisreich ist, wird die künstliche Zucht und Hand in Hand damit die Wiederbevölkerung der einzelnen, günstige Lebensbedingungen gewährenden Gewässer mit Jungfischen dieser Gattung schon seit langer Zeit mit Erfolg durchgeführt. Alle Lachse haben einen mit einem Blindsack versehenen Magen und zahlreiche Blinddärme am Beginn des Darmes. Die Schwimmblase ist einfach, der Eierstock ohne Ausführungsgang; die Eier fallen in die Bauchhöhle. Die Lachse bieten der Unterscheidung in einzelne Arten bedeutende

4*

Schwierigkeiten, denn nur bei wenigen Gattungen von Fischen treten während des Lebens des einzelnen Individuums so große Veränderungen im Wachstum der einzelnen Körperteile, in der Färbung, in der Bezahnung der Kiefer usw. auf und findet sich anderseits eine so starke Fähigkeit der Variation infolge von äußeren Lebensbedingungen wie hier. Hieraus erklärt sich der Widerstreit der Anschauungen über die Zahl der Arten, in die diese Gattung zu gliedern und darüber, wie ihre Abgrenzung richtig vorzunehmen wäre. Gewiß ist, daß der Aufenthaltsort einen großen Einfluß auf die Färbung hat, die bald dunkler oder heller, bald lebhafter gezeichnet oder einförmiger sein kann. Auch während der Laichzeit verändert sie sich: sie wird dann viel intensiver. Die rote Farbe des Fleisches der Lachsarten rührt unzweifelhaft von den roten Farbstoffen der kleinen Krebstiere her, die ihre Lieblingsnahrung bilden.

A. Körper langgestreckt, längs der Seitenlinie sind 180 bis 240 Schuppen vorhanden.
    I. Schwarze Flecken auf dem Körper.
        1. Körper walzenförmig, Seitenlinie mit ungefähr 180 Schuppen .... (F) Huchen, Salmo hucho L., S. 53.
    II. Keine schwarzen Flecken und Punkte auf dem Körper.
        1. Rückenflossen meist nur mit wenigen Punkten versehen, auf dem Körper meist rote oder lichtere bis weiße Flecken, manchmal ganz ungefleckt .... (F) Saibling, Salmo umbla L. (Salmo salvelinus L.), S. 54.
        2. Rückenflossen mit schwarzen Punkten und orangefarbenem oder weißem Randband, außerdem mit dunkleren Bändern gefärbt, ebenso die Flecken auf dem Körper, besonders gegen den Rücken zu, bandartig, in der Seitenlinie ungefähr 220 Schuppen.... (F) Kalifornischer Bachsaibling, Salmo fontinalis Mitch., S. 55.
B. In der Seitenlinie (selten 137 bis) 140 bis 180 Schuppen.... (F) Stahlkopfforelle, Salmo Gairdneri Richards., S. 59.
C. Körper nicht besonders langgestreckt, längs der Seitenlinie ungefähr 115 bis 140 Schuppen.
    I. Zwischen den schwarzen Punkten und Flecken, die sich auf dem Körper befinden, sind auch solche von roter Farbe vorhanden.
        a) Zähne mäßig stark ausgebildet.
           a) In einer Transversalreihe von dem Hinterrande der Fettflosse schräg nach vorwärts zur Seitenlinie liegen 11 bis 12 Schuppen.
               1. Körper schlank, beim erwachsenen Tier mit verhältnismäßig kleinen, schwarzen, rundlichen und X-förmigen Flecken und Punkten und kleineren und größeren rundlichen roten Flecken, beim ganz jungen Tier mit ungefähr 11 dunklen Querbinden. Der Schwanzstiel (von der Fettflosse bis zur Schwanzwurzel) lang und niedrig gestreckt.... (*) Lachs, Salmo salar L., S. 55.

b) In einer Transversalreihe vom Hinterrande der Fettflosse
schräg nach vorne zur Seitenlinie stehen 15 bis 16 Schuppen, der Schwanzstiel kurz und gedrungen.
1. Körper hoch, gedrungen, in der Rückenflosse 13 bis
14 Strahlen, Schnauze stumpf (gewöhnliche Fluß-
form).... (F) Bachforelle, Salmo fario ausonii Val.,
S. 56.
2. Körper schlank, in der Rückenflosse 12 bis 13 Strahlen,
Schnauze spitzer, Kopf gestreckt (Form der großen
Seen).... (F) Seeforelle, Salmo lacustris L., S. 57.
β) Zähne sehr stark entwickelt, zwischen den größeren rundlichen und X-förmigen Flecken stehen auch zahlreiche ganz
kleine, schwarze Flecken, so daß der Körper wie bespritzt
aussieht (die dalmatinische Form).... (F) Pastrova, Salmo
dentex Heck., S. 58.
II. Auf dem Körper finden sich nur schwarze Flecken und Punkte,
niemals rote.
a) Rückenflosse ungefleckt, ebenso die Schwanzflosse.
1. Auf dem Körper nur kleine spärliche schwarze Flecken...
(F) Lachsforelle des Gardasees, Salmo carpio L., S. 58.
b) Rückenflosse mit dunkleren Punkten gefleckt, auch die
Schwanzflosse vollständig gefleckt.
2. Der ganze Körper bis nahe an den Bauch mit überaus
zahlreichen kleinen, intensiv schwarzen Flecken über-
sät.... (F) Kalifornische Regenbogenforelle, Salmo
irideus W. Gibb., S. 58.
D. Körper langgestreckt, Kopf kurz, mit stumpfer Schnauze und steil
ansteigendem Stirnprofil, in der Seitenlinie etwa 100 Schuppen....
(F) Stumpfschnauzige Forelle, Salmo obtusirostris Heck., S. 59.

28. (F) Huchen, Salmo hucho L.

Der Huchen — „der Lachs" der Donau — besitzt einen langgestreckten, walzigen Körper und einen verhältnismäßig langen, niedrigen Kopf, dessen Höhe seiner Breite nahezu gleichkommt. Die Stirn
ist flach, das nicht sehr große Auge steht hoch, der Oberkieferknochen,
der sich hinten stark verbreitert, reicht bis unter oder hinter den Hinterrand des Auges, die Zähne sind sämtlich nach hinten gekrümmt.
Die Stirne steigt flach an und auch das Rückenprofil ist sehr flach gewölbt, nahezu geradlinig. Die Rückenflosse beginnt etwas vor der
Körpermitte, die Bauchflosse nahe vor dem Ende der Basis der Rückenflosse. Die niedrige Fettflosse hat eine breite Basis. Sie steht der
Afterflosse gegenüber. Der Schwanzstiel ist kurz und gedrungen, die
Schwanzflosse tief eingeschnitten. Die Schuppen sind klein. Der
grünlich-dunkelbraune obere Teil des Kopfes und der Rücken schimmern
ins Violette; an den Seiten geht dieser violette Schimmer in Rötlichgrau über. Brust und Bauch zeigen Silberglanz. Kopf und Rumpf
sind mit dunkelgrauen oder schwärzlichen kleinen Punkten besetzt;

zwischen ihnen stehen größere schwarze, auf dem vorderen Teil des Körpers rundliche, weiter hinten halbmondförmige Flecken. Die Rückenflosse hat zum Unterschiede von den übrigen ungefleckten Flossen an der Basis ebenfalls dunkle Punkte. Der Huchen, die größte unserer Lachsarten, erreicht eine Länge von mehr als $1^3/_4$ m und ein Gewicht bis zu 50 kg. Er gehört ausschließlich dem Gebiete der Donau und ihrer Nebenflüsse an, in welch letzteren er im April und Mai laicht. Sein weißliches Fleisch schmeckt vortrefflich, wird aber etwas geringer geschätzt als das der Mai- und Lachsforelle.

29. (F) Saibling, *Salmo umbla* L. (*Salmo salvelinus* L.).

Der Saibling ist nach dem Huchen die gestreckteste heimische Lachsart. Sein Körper ist schlank-spindelförmig, der Kopf kürzer und höher, das Rückenprofil bedeutend stärker gebogen als bei Nr. 28. Das Auge liegt etwas tiefer, die Stirn erscheint stärker gewölbt, das Stirnprofil steigt steiler an. Der Oberkiefer reicht bis hinter den hinteren Augenrand. Die Rückenflosse beginnt ein wenig vor oder genau in der halben Körperlänge, der Anfang der Bauchflossen liegt beträchtlich vor dem Ende der Rückenflossenbasis. Die dem Ende der Afterflosse gegenüberstehende Fettflosse ist verhältnismäßig kleiner und weniger gedrungen als die der vorhergehenden Art, der Schwanzstiel niedriger und etwas schlanker, die Schwanzflosse mäßig tief gabelig eingeschnitten. Die Schuppen sind sehr klein und zart. Die Färbung des Saiblings wechselt mit dem Standorte, der Jahreszeit und dem Alter stark. Der Oberkopf und der Rücken sind meist braungrün, die Seiten des Kopfes lichter, die Körperseiten meist mit rundlichen, mehr oder minder großen Flecken besetzt, die von Hochrot bis Weißlich variieren und in der Mehrzahl unter oder nächst der Seitenlinie stehen. Die Bauchseite ist weißlichgelb bis lebhaft orangerot, welche Färbung besonders stark und leuchtend in der Laichzeit auftritt, in der überhaupt bei den Lachsarten die Intensität aller Farben außerordentlich erhöht wird. Die Rückenflosse ist gelblich oder bräunlich, manchmal mit undeutlichen wolkigen Flecken, die Brust- und Bauchflosse zinnoberrot, der erste Strahl der Bauch- und Afterflossen jedoch hellweiß und die Schwanzflosse grünlichbraun. Die in tieferen und mehr in der Ebene gelegenen Seen lebenden Saiblinge weisen gewöhnlich mattere Farben auf als die der Hochgebirgsseen; manchmal findet man sogar ganz blasse, ungefleckte Tiere. Die Saiblinge können eine Größe von über 60 cm und mehr als 6 kg Gewicht erreichen, durchschnittlich werden sie aber nur 20 bis 30 cm lang. Das meist rötliche, manchmal aber mehr weißliche Fleisch des Saiblings wird außerordentlich geschätzt.

Anmerkung. Vielfach trennt man den eigentlichen Saibling, der dann Salmo salvelinus L. genannt wird, von dem mehr die westlichen Gebiete, bei uns den Bodensee bewohnenden „Röthel", Salmo umbla L.

Die Unterschiede zwischen den beiden Formen sind aber sehr gering. In neuerer Zeit wurde der in den Vereinigten Staaten von Amerika heimische (F) kalifornische Bachsaibling, Salmo fontinalis Mitch., der ausdauernder und widerstandsfähiger ist, als unser Saibling, in Österreich eingeführt und akklimatisiert. Man kann ihn leicht an den zahlreichen unregelmäßigen lichten Flecken, die vielfach die Gestalt von gekrümmten und geschwungenen Bändern haben, erkennen. Zwischen ihm und dem europäischen Saibling kommen Kreuzungen vor.

30. (*) Lachs, Salmo salar L.

Der Lachs hat einen schlanken, kräftigen Körper mit sanft gekrümmtem Rücken- und etwas stärker gebogenem Bauchprofil, einen verhältnismäßig gestreckten Kopf, dessen Länge sichtlich größer ist als seine Höhe. Das Profil der gewölbten Stirne steigt mäßig an. Das verhältnismäßig nicht große Auge steht von der Stirn entfernt, also nicht so hoch wie beim Huchen. Der Oberkieferknochen reicht nahezu oder ganz bis unter den Hinterrand des Auges. Der Unterkiefer erhebt sich in der Mitte in einem stumpfen Haken. Beim erwachsenen Männchen wird in der Laichzeit nicht bloß dieser Haken sehr stark, sondern es erhält auch der Oberkiefer in seiner Mitte eine Vorbiegung. Derartige Tiere, die früher sogar als Vertreter einer eigenen Art angesehen wurden, bezeichnet man als „Hakenlachse". Die Rückenflosse beginnt etwas vor der halben Körperlänge und ist länger als hoch. Der Beginn der Bauchflosse befindet sich ungefähr der Mitte der Rückenflossenbasis gegenüber. Die Basis der ersteren ist kurz, der Schwanzstiel lang und schlank, die Schwanzflosse bei jungen Exemplaren tiefer, bei alten aber nur sanft eingeschnitten. Die Schuppen sind klein. Der Rücken des Lachses erscheint bläulich-schiefergrau bis grünlich, die Wangen, die Seiten und der Bauch silberglänzend gefärbt, die Farbe des oberen Teiles des Kopfes ist intensiver als die des Rückens, auf der Stirn stehen große, zerstreute, schwarze Flecken, ebenso am oberen Augenrand. Der Rücken und die Seiten sind mit kleineren, rundlichen und X-förmigen Flecken besetzt, die unterhalb der Seitenlinie spärlicher werden oder ganz fehlen. Ebenso zeigt die dunkelgesäumte, grau gefärbte Rückenflosse an ihrer Basis eine Reihe kleiner, schwarzer Flecken. Die Brustflossen sind oben ganz, unten nur an den Spitzen schwärzlich, die übrigen Flossen mit Ausnahme der sehr dunklen Schwanzflosse heller und ungefleckt. Zwischen den schwarzen Punkten treten insbesondere in der Laichzeit auch rote auf, die manchmal, besonders auf dem Bauche, miteinander zu größeren Flecken verschmelzen. Die jungen Tiere zeigen ungefähr elf dunkle Querbinden. Der Lachs ist ein Bewohner des Meeres. Nur in seinem ersten Jugendjahre lebt er im Süßwasser und auch zum Laichen tritt er wieder in die Flüsse ein. Dort unternimmt er große Wanderungen bis weit hinauf und überwindet dabei oft bedeutende Hindernisse. Schon im Frühling beginnt er in die Flüsse einzutreten, wird im Oktober und November laichreif und kehrt nach beendetem Laichgeschäft wieder ins Meer zurück. Während der Laichzeit verdickt sich die Haut schwartig. Er erreicht eine Größe bis zu 1¹/₂ m und ein Gewicht bis zu 20 kg und manchmal noch mehr. Sein rötliches Fleisch ist sehr geschätzt, schmeckt jedoch nach der Zeit des Fangens sehr verschieden. Das des laichenden Fisches ist am wenigsten wertvoll. In das Gebiet Mitteleuropas dringt er bei seinen Wanderungen aus der Nord- und Ostsee in den Rhein, die Elbe, Weser, Moldau, Weichsel, den Dunajec und die San vor.

31. (F) Bachforelle, Salmo fario ausonii Val.

Die Bachforelle hat einen gedrungenen, hoch gebauten Körper. Seine Dicke ist ungefähr halb so groß wie seine Höhe, der Kopf im Verhältnis zu seiner Höhe kürzer als der des Lachses und die Schnauze etwas stumpfer. Der Unterkiefer besitzt keine hakenförmige Aufbuchtung in der Mitte und erreicht in der Länge nicht den vorstehenden Oberkiefer, dessen Knochen nahezu oder ganz bis unter den hinteren Augenrand gehen. Die Augen sind ziemlich groß. Die Zähne haben gekrümmte Spitzen. Die ungefähr ebenso hohe wie lange Rückenflosse beginnt genau in oder ein wenig vor der halben Körperlänge. Die der zweiten Hälfte der Rückenflosse gegenüberstehenden Bauchflossen sind breiter und rundlicher als die des Lachses. Die Schwanzflosse ist bei jüngeren Exemplaren sanft eingeschnitten; später wird sie gerade abgestutzt und hat schließlich sogar einen konkaven Hinterrand. Der Schwanzstiel ist gedrungen, kurz und hoch. Nach der Meinung schwedischer Fischer stellt dies das beste Unterscheidungsmerkmal der Forelle von dem gleich großen Lachs dar; der Lachs läßt sich deshalb auch, wenn man ihn am Schwanzstiel packt, in der Hand festhalten, während die Forelle wegen der kurzen, dicken Form des Schwanzstiels leicht den Händen entgleitet. Die ungleich großen Schuppen sind klein und zart; die größten befinden sich längs der Seiten, die kleinsten an der Brust und an der Basis des Schwanzes. Auch die Färbung der Forelle ist wie die der anderen Lachsarten nach Aufenthalt, Größe, Nahrung usw. sehr verschieden und hat daher Anlaß zu verschiedenen Benennungen gegeben. Die „gewöhnliche Bachforelle" zeigt einen grünlichen Rücken, die Seiten haben gelblichen Glanz und sind mit braunschwarzen und hellroten rundlichen, oft weiß oder blau umrandeten Flecken geziert. Ebensolche Flecken finden sich auch auf dem Rücken und der Rückenflosse. Die „Waldforelle", die in kleinen schattigen Bächen mit vielen seichten Stellen und mit großen Felsblöcken usw., unter denen sie sich verstecken kann, lebt, ist durch eine dunklere Grundfärbung ausgezeichnet. Manche Exemplare haben nur sehr wenige oder fast gar keine roten Punkte, manche wieder insbesondere an den Wangenteilen des Kopfes dunklere Marmorierungen usw. Die Forelle, die je nach ihrem Aufenthalte in der Zeit vom Oktober bis Februar laicht, hält sich nur in klarem, fließendem Wasser auf und kommt daher in Seen nur an Stellen vor, wo einmündende Bäche oder Flüsse eine Strömung erzeugen. Sonst sind ihre Heimat frische Bergwässer und klar fließende Bäche und Flüsse; in solchen findet sie sich in ganz Österreich. Sie erreicht eine Größe bis 40 cm und ein Gewicht von $^1/_2$ bis 1 kg. Noch größere Exemplare werden nur selten gefangen. Für die künstliche Fischzucht bietet sie ein äußerst dankbares Objekt. Ihr Fleisch ist sehr geschätzt.

Anmerkung. Stärkere Bachforellen werden in manchen Gegenden unzutreffenderweise gelegentlich „Lachsforellen" genannt. Im Isonzo kommt eine Farbenvarietät der Bachforelle, die marmorierte Forelle, Salmo fario marmoratus, vor, die durch die sehr zahlreichen weißen Marmorierungen in der dunklen, braunen Grundfärbung der oberen Körperhälfte kenntlich ist und bis 15 kg schwer wird. In der Elbe (mitunter sogar in der Tschechoslowakei) fängt man bisweilen die Meerforelle, Salmo trutta L., die zum Laichen aus dem Meere heraufsteigt.

32. (F) Seeforelle, Salmo lacustris L.

Die Seeforelle oder Illanke hat eine schlankere, niedrigere Gestalt als die Bachforelle. Der Kopf ist flacher und die Schnauze spitziger, das Auge mäßig groß. Der Oberkieferknochen reicht bis über den hinteren Augenrand. Die Zähne sind ziemlich kurz und stehen nicht aneinander geschlossen. Der Rücken bildet einen flachen Bogen, auch die Stirn steigt nur sanft an. Die Rückenflosse befindet sich etwas vor der Mitte der Körperlänge; die Bauchflossen liegen unterhalb der zweiten Hälfte der Rückenflossenbasis. Der Schwanzstiel ist etwas niedriger und länger als bei der Forelle, die Fettflosse, die gegenüber dem Ende der Afterflossenbasis steht, ziemlich hoch und gegen die Spitze zu etwas breiter als an der Basis, die Schwanzflosse gabelig eingeschnitten, bei größeren Exemplaren jedoch viel geringer als bei jungen. Die Schuppen sind klein und zart. Der obere Teil des Kopfes hat eine dunkelgrüne bis schwärzliche, der Rücken eine stahlblaue bis bläulichgraue Färbung; die Färbung der Seiten und des Bauches ist silberglänzend. Auf den Seiten des Körpers und dem Rücken finden sich tiefschwarze, eckige und X-förmige Flecken, dazwischen eingestreut oft rötliche Tupfen. Auch die Rückenflosse ist teilweise gefleckt, die anderen Flossen sind ungefleckt. Die Seeforelle laicht im Spätherbst, zu welcher Zeit sie aus den großen Seen, deren Bewohner sie ist, besonders aus dem Bodensee, in die Flüsse zieht. Sie erreicht eine Größe von über $^3/_4$ m und ein Gewicht von $7^1/_2$ und 8 kg. Doch werden auch noch größere Exemplare gefangen. Das rötliche Fleisch der Seeforelle wird so wie das mehr weißliche der Maiforelle (siehe Anmerkung) sehr geschätzt.

Anmerkung. Hieher gehört auch die sogenannte (F) „Maiforelle" oder das „Ferndl" (Salmo Schiffermülleri Bl.), die früher als eigene

58

Art angesehen wurde, aber nur eine unfruchtbare Form der Seeforelle dar-
stellt. Nach Ansicht mancher Forscher ist die Seeforelle lediglich eine
infolge der günstigeren Lebensbedingungen in großen Seen veränderte
Form der gewöhnlichen Bachforelle.

33. (F) Pastrova, Salmo dentex Heck.

Die Pastrova hat einen schlankeren Körper als unsere Bachforelle,
etwa von der Gestalt der Seeforelle. Der Kopf ist um weniges schmäler,
die Stirnbreite geringer als bei der Seeforelle und die Schnauze minder
stumpf. Das Auge steht etwas höher am Kopfe; der Oberkieferknochen
reicht insbesondere bei alten Exemplaren bis über den hinteren
Augenrand zurück. Die Zähne sind sehr stark; die des Zwischenkiefers
werden oft doppelt so lang als eine Schuppe. Die Rückenflosse beginnt
unmittelbar vor der halben Körperlänge und ist nur wenig höher als
lang; die Bauchflossen stehen der zweiten Hälfte ihrer Basis gegenüber.
Die lange Fettflosse erscheint an der Spitze abgerundet. Ein charakteristischer Unterschied gegenüber unserer Forelle liegt in der Färbung.
Zwischen größeren, rundlichen, tiefschwarzen und rötlichen Flecken
sind zahlreiche kleine, schwarze, eckige, oft auch X-förmige Flecken
eingestreut, die den Körper bis herab zum Bauche bedecken, so daß
er wie gesprenkelt aussieht. Die Grundfärbung des Rückens ist gewöhnlich dunkelblau mit Kupferglanz, die des Bauches hell, die der Kehle
und der Brust weißlich. Im Gegensatz zur ebenfalls gefleckten Rückenflosse sind alle anderen Flossen einfärbig bräunlich. Die Pastrova
vertritt unsere Forelle in den dalmatinischen Gewässern, wo sie überall
bekannt und auch als Speisefisch geschätzt ist.

34. (F) Lachsforelle des Gardasees, Salmo carpio L.

Die Lachsforelle des Gardasees oder Carpione stimmt zwar in
ihrer Gesamtgestalt und in vielen anderen Eigenschaften mit der Seeforelle überein, unterscheidet sich jedoch durch einige Eigentümlichkeiten scharf von dieser. Der Oberkiefer reicht nur bis unter den hinteren
Augenrand; das Auge ist verhältnismäßig klein. Bemerkenswert und
kennzeichnend sind die bedeutend größeren Schuppen zu beiden Seiten
des Vorderbauches, die bei unserer Seeforelle fast um die Hälfte kleiner
sind. Ihre Zahl in der Linie vom Schultergürtel bis zur Spitze der
zurückgelegten Brustflosse ist bei der vorliegenden Art nur ungefähr
halb so groß wie bei der Seeforelle. Der Körper wird besonders im oberen
Teil von nicht sehr zahlreichen, kleinen schwarzen Flecken bedeckt;
der Bauch und die Flossen sind ungefleckt. Diese Lachsforelle erreicht
eine Länge von ungefähr 40 cm; ihr Fleisch ist sehr schmackhaft.

35. (F) Kalifornische Regenbogenforelle, Salmo irideus W. Gibb.

Die kalifornische Regenbogenforelle ist in neuerer Zeit neben dem
amerikanischen Bachsaibling bei uns eingebürgert worden. Sie hat einen

ziemlich gedrungenen Körper, dessen Rückenprofil stark gewölbt ist,
der Kopf erscheint verhältnismäßig klein, das Auge mäßig groß. Der
Oberkieferknochen reicht bis unter den hinteren Augenrand. Das
Stirnprofil steigt steil an. Der Ursprung der Rückenflosse liegt etwas
vor der Mitte der Körperlänge, jener der Bauchflossen vor der zweiten
Hälfte der Rückenflossenbasis; der Schwanzstiel ist mäßig lang und
ziemlich hoch, die Schwanzflosse tief ausgeschnitten. Charakteristisch
für diese Art sind die zahlreichen, kleinen schwarzen Punkte, die den
ganzen Körper sowie die Rücken- und Schwanzflosse bedecken, außerdem ein in den Regenbogenfarben schillerndes, verwaschenes Band
längs der Seitenlinie, das besonders während der Laichzeit bei den
Männchen stark hervortritt.

Anmerkung. Der kalifornischen Regenbogenforelle ähnelt die aus
Nordamerika zu uns eingeführte Stahlkopfforelle, Salmo Gairdneri
Richards. Sie zeichnet sich durch zahlreiche, scharfe, feine, schwarze
Punkte auf dem Kopfe, der Rückenflosse und der oberen Hälfte des Körpers
aus und erreicht ein Gewicht von etwa 15 kg, durchschnittlich aber von
3 bis 5 kg. Ihre Heimat sind die Ströme des westlichen Teiles von Nordamerika. Ihr Fleisch ist ziemlich licht.

36. (F) Stumpfschnauzige Forelle, Salmo obtusirostris Heck.

Diese Art ähnelt in der Körpergestalt unserer Bachforelle, doch
ist der Kopf bedeutend kürzer, das Auge verhältnismäßig klein, der
Schwanzstiel noch dicker. Die Stirne fällt steil zur Mundspalte ab,
so daß die Schnauze sehr kurz und stumpf erscheint. Der Oberkieferknochen reicht bis etwa unter die Mitte des Auges, die Mundspalte ist
daher viel kürzer als bei der Bachforelle. Auch die Zähne sind zarter.
Der Rücken ist sehr flach gebogen, die Rückenflosse beginnt eine beträchtliche Strecke vor der halben Körperlänge und ist bedeutend
höher als lang. Die Bauchflosse steht wieder unter der zweiten Hälfte
der Rückenflossenbasis. Die ziemlich lange und hohe Fettflosse hat
eine breite Basis, die Schwanzflosse ist mäßig eingebuchtet. Die Schuppen sind größer und stärker als die der Bachforelle. Die Färbung gleicht
im allgemeinen der der Forelle; die Rückenflosse zeigt ebenfalls Spuren
von Flecken, die anderen Flossen sind ungefleckt. Diese Forellenart
bewohnt die Flüsse und Bäche Dalmatiens, wo sie eine Länge von
ungefähr 30 cm erreicht. Von den Einwohnern wird sie „Trotta" genannt.

b) Unterordnung der Karpfen- und Welsartigen, Ostariophysi

Die Unterordnung der Karpfen- und Welsartigen, auch „Verwachsen-
wirbligen" geheißen, umfaßt eine Reihe von Fischen, die in der äußeren Gestalt sehr verschieden sind, die aber in ihrem inneren Bau, besonders
im Knochengerüste, manche gewichtige Übereinstimmung zeigen. Eine
der hervorstechendsten Eigentümlichkeiten ist die, daß die vier ersten

Wirbel stark verändert und oft miteinander verwachsen sind. Mit ihnen stehen kleine Knöchelchen, die sogenannten „Weberschen Ossikeln", in Verbindung, deren Aufgabe es ist, die Schwimmblase mit dem Gehörorgan in Verbindung zu setzen.

Für uns kommen nur die folgenden zwei Familien in Betracht:

1. Keine Bartel oder 2, 4, 6 oder 10 Barteln vorhanden, wenn 6 Barteln, Körper stets beschuppt.... Familie der Karpfenartigen, Cyprinidae, S. 60.

2. 6 oder 8 Barteln vorhanden, Körper unbeschuppt, glatt schleimig... Familie der Welsartigen, Siluridae, S. 79.

A. Familie der Karpfenartigen, Cyprinidae

Die Familie der Karpfenartigen umfaßt die weitaus größte Anzahl der in unserem Gebiete vorkommenden Süßwasserfische. Sie·spielt demgemäß, und weil zu ihr sehr geschätzte Speisefische gehören, auch in wirtschaftlicher Beziehung eine wichtige Rolle. Der Körper aller hieher gehörigen Fischarten hat die bekannte, gewöhnliche, karpfenähnliche Gestalt, die freilich im einzelnen mehr oder minder stark variiert. Die Färbung ist in der Regel eine einfache; in den meisten Fällen herrscht der Silberglanz mit dunkelblauer, schwärzlicher, grünlicher oder brauner Färbung auf dem Rücken vor. Besondere Zeichnungen, wie: Punkte, Flecken, Linien usw. finden sich auf dem Körper nur selten. Der Kopf ist stets unbeschuppt, die Schuppen haben immer glatte Ränder. Ein wichtiges Unterscheidungsmerkmal bilden bei den karpfenartigen Fischen die Schlundknochen und deren bei den einzelnen Gattungen wechselnde, innerhalb der Gattung aber konstante Bezahnung. Diese Schlundzähne werden alljährlich zur Laichzeit durch neue ersetzt und sind nicht nur nach Zahl und Stellung, sondern auch in der Form, besonders in der der Kronen, jeweilig anders beschaffen. Zur Laichzeit erhalten die Männchen der meisten karpfenartigen Fische ähnlich wie die Renkenarten einen Hautausschlag, der aber hier aus warzen- oder breit dornförmigen Verdickungen besteht und bei den einzelnen Arten in Form, Stellung und Anzahl der Erhöhungen verschieden ist. Erwähnt sei ferner, daß bei den hieher gehörigen Fischen zahlreiche Kreuzungen nicht nur zwischen Arten e i n e r Gattung, sondern auch zwischen solchen verschiedener Gattungen vorkommen, die natürlich die Identifizierung noch mehr erschweren. Auch die Verschiedenheiten in der Lebensweise — ein und dieselbe Art lebt bald in fließendem Wasser, bald in stehendem, bald in Teichen, bald in größeren Seen usw. — bedingen mannigfache Abänderungen, so daß vielfach Formen, die lediglich zu einer einzigen, aber stark variierenden Art gehören, als voneinander verschiedene Arten angesprochen worden sind.

A. Barteln fehlen.

    I. Rückenflosse bedeutend länger als die Afterflosse.... Gattung der Karauschen, Carassius, S. 63.

II. Rückenflosse nur wenig länger oder gleich lang wie die Afterflosse.

  a) Seitenlinie nicht vollständig, nur in der vorderen Hälfte des
Körpers vorhanden.... Gattung der Pfrillen, Phoxinus,
S. 76.

  b) Seitenlinie vollständig, bis zur Schwanzwurzel reichend.

     α) Mund endständig, die Kinnladen nicht mit Knorpeln be-
deckt, die einen schneidenden Rand bilden.

       1. Über der Seitenlinie des Körpers ein dunkler Längs-
streifen.... Gattung der Laugen, Telestes, S. 76.

       2. Kein dunkler Längsstreifen an den Seiten des Körpers
über der Seitenlinie.

         †) Körper seitlich zusammengedrückt.

           *) Bauchkante rundlich.... Gattung der Weiß-
fische, Leuciscus, S. 73.

           **) Bauchkante zwischen Brust- und Afterflosse
scharf gekielt.... Gattung der Rotfedern, Scar-
dinius, S. 75.

         ††) Körper rundlich.... Gattung der Alteln, Squalius,
S. 75.

     β) Mund unterständig, d. h. die Oberlippe beträchtlich vor-
ragend, die Kinnladen mit Knorpeln bedeckt, die schnei-
dende Ränder bilden .... Gattung der Näslinge, Chondrostoma, S. 77.

III. Rückenflosse kürzer als die Afterflosse.

  a) Rückenflosse nur wenig kürzer als die Afterflosse.

    1. Die Seitenlinie ist vollständig (vom Kopf bis zur Schwanz-
wurzel).... Gattung der Schiede, Aspius, S. 72.

    2. Die Seitenlinie hört vor der Mitte des Körpers auf....
Gattung der Weißschiede, Leucaspius, S. 72.

  b) Rückenflosse bedeutend kürzer als die ziemlich lange Afterflosse.

    1. Bauchkante scharf, schuppenlos, ebenso ein Scheitelfleck
vor der Rückenflosse ohne Schuppen, Unterkiefer nicht
über den Oberkiefer vorstehend, Mundspalte waagrecht
oder nur wenig schräg.... Gattung der Brachsen, Abramis, S. 67.

    2. Bauchkante zwischen dem After und den Bauchflossen
scharf, aber beschuppt, ebenso auch der Rückenscheitel
vor der Rückenflosse beschuppt, Unterkiefer über den
Oberkiefer vorragend, Mund schief gestellt, Rücken gebogen.... Gattung der Lauben, Alburnus, S. 71.

    3. Der ganze Bauch eine konvexe, schneidende Kante
bildend, Rücken nahezu gerade, Mund fast senkrecht gestellt, die kleine Rückenflosse ganz über der Afterflosse.... Gattung der Sichlinge, Pelecus, S. 70.

B. Barteln vorhanden.

  a) Mit zwei Barteln.

    1. Körper karpfenähnlich, bedeutend höher als breit, mit kleinen
Schuppen bedeckt, Brustflosse nicht den Beginn der Rücken-

flosse erreichend, Barteln klein.... Gattung der Schleien, Tinca, S. 64.
2. Körper schlank, spindelförmig, nicht viel höher als breit, Schuppen groß, Barteln lang, die Brustflossen den Beginn der Rückenflosse erreichend oder sich noch ein wenig hinter diesen erstreckend.... Gattung der Grundeln, Gobio, S. 66.
b) Mit 4 Barteln.
Körper beschuppt.
1. Rückenflosse bedeutend länger als die Afterflosse.... Gattung der Karpfen, Cyprinus, S. 62.
2. Rückenflosse ungefähr ebenso lang wie die Afterflosse.... Gattung der Barben, Barbus, S. 65.
c) Mit 6 oder 10 Barteln.... Gattung der Schmerlen, Cobitis, S. 78.

1) Gattung der Karpfen, Cyprinus

Diese Gattung ist bei uns nur durch eine einzige, aber höchst wichtige Art, den wichtigsten Süßwasserfisch unseres Gebietes überhaupt, vertreten.

37. (F) Karpfen, *Cyprinus carpio* L.

Da diese überaus weit verbreitete Art, die in den Süßwässern des ganzen gemäßigten Gebietes der alten Welt lebt, auch Gegenstand einer seit langem betriebenen Zucht ist, so kann es nicht wundernehmen, daß sich im Laufe der Zeit die mannigfaltigsten Spielarten und Rassen herausgebildet haben. Tatsächlich zeigt der Karpfen, sowohl was Körperform als auch was Beschuppung anbelangt, äußerst verschiedene Verhältnisse. Neben niedrigen, langgestreckten Tieren mit nahezu walzenförmigen Körperformen, die mit dem Namen „Wildkarpfen" bezeichnet werden, finden sich ganz kurze und sehr hochrückige, seitlich zusammengepreßte Formen, die man bestrebt ist, durch die Zucht noch immer mehr in dieser Richtung auszubilden und zu entwickeln. Zwischen diesen beiden Gegensätzen zeigen sich dann naturgemäß zahlreiche Übergangsformen, die deutlich erkennen lassen, daß wir es hier keineswegs mit besonderen Arten zu tun haben. Auch die wechselnde Beschuppung läßt sich nicht auf eine Verschiedenheit der Art zurückführen; neben den normalen, vollständig beschuppten Exemplaren treten sogenannte „Spiegelkarpfen" auf, die wenige, große, unregelmäßig über den Körper zerstreute oder nur in der Seitenlinie auftretende, oft nur ganz vereinzelt in die Haut eingebettete Schuppen aufweisen. Das Extrem in dieser Richtung stellen die sogenannten „Lederkarpfen" dar, die überhaupt keine Schuppen mehr haben. Diese beiden Spielarten bilden, weil sie als Speisefische besonders geschätzt werden, ebenfalls den Gegenstand der Zucht. Der Kopf des Karpfens ist mäßig groß, der Mund weit und mit dicken, fleischigen Lippen versehen, das Auge nicht sehr groß und rund. Die Bartfäden sind stark und ziemlich lang, die Schuppen groß. Die lange Rückenflosse beginnt schon in der ersten Körperhälfte. Die Farbe wechselt stark. Es kommen alle möglichen Schattierungen zwischen Goldgelb und Blaugrün mit schwärzlichem Anflug vor. Die Schuppen sind häufig teilweise schwärzlich gefärbt. Der Bauch ist gelblich oder weißlich, die Rückenflosse grau, die Brust-, Bauch- und Schwanzflosse violett, die Afterflosse rötlichbraun. Die Rückenflosse besitzt drei, seltener vier, die Afterflosse drei derbe Stacheln, von denen besonders die beiden größeren einen grob gesägten Hinterrand haben. Der Karpfen erreicht eine Länge von $1^1/_4$ m, in der Regel allerdings weniger als 1 m, und ein Gewicht bis zu 20 kg. Er laicht im Mai und Juni, verspätet auch noch bis Mitte Juli. Das Männchen erhält dann auf dem Scheitel, den Wangen und den Kiemendeckeln zahlreiche kleine, unregelmäßig zerstreute Hautwarzen und ebensolche kleinere auf den Brustflossen. Er hält sich am liebsten in langsam fließendem oder stehendem Wasser mit schlammigem Grunde auf, in den er sich oft mit dem Kopfe einwühlt, um seine Nahrung zu suchen, die hauptsächlich aus Pflanzenstoffen und kleinen, schlammbewohnenden Tieren besteht. Im Winter bohrt er sich ganz in den Schlamm ein, wo er in eine Art Winterschlaf verfällt. Zu erwähnen ist, daß es auch unfruchtbare Karpfen gibt, die man namentlich in der Laichzeit von den anderen deutlich zu unterscheiden vermag. Sie besitzen einen kürzeren Leib und stumpferen Kopf, eine dickere Schnauze und einen fleischigen Rücken; der Bauch ist in der Umgebung des Afters dünn und zusammengedrückt. Solche Karpfen werden unter dem Namen „Laimer" als besonders gute Speisefische geschätzt und allen anderen vorgezogen. Minderwertig sind die stark nach Schlamm schmeckenden „Seekarpfen" des Neusiedlersees, die eine niedrige Kümmerform darstellen.

2) Gattung der Karauschen, Carassius

Auch diese Gattung ist bei uns nur durch eine Art vertreten.

38. (F) Karausche, Carassius carassius (L.).

Die Karausche oder das „Gareisl" weist ebenfalls starke Abänderungen in der Körperform, dem Verhalten der Seitenlinie usw. auf. Vom Karpfen unterscheidet sie sich auf den ersten Blick durch das Fehlen der Barteln und durch verhältnismäßig höhere Rückenflossen, die erst in der halben Körperlänge beginnen. Auch ist die Schwanzflosse meist weniger tief eingeschnitten, ja oft nahezu gerade abgestutzt. Sonst ähnelt die allgemeine Körpergestalt der der vorigen Art. Auch bei der Karausche finden wir neben hochrückigen, kurzen Formen niedrige, langgestrecktere, die unter dem Namen „Giebel" bekannt sind und früher als eigene Art, Carassius gibelio (Gmel.), beschrieben wurden. Der Kopf der Karausche ist verhältnismäßig kleiner als der des Karpfens, die Rücken- und Afterflosse hat je drei Stacheln, von denen der letzte, größte in beiden Flossen am hinteren Rande gesägt ist. Die Schuppen sind groß. Die Seitenlinie erscheint manchmal unterbrochen. Der Oberteil des Kopfes und der Rücken hat eine olivengrüne, grünbraune oder schwärzlichgrüne, der Bauch eine rötlichweiße Färbung. Die Seiten sind messinggelb bis braungelb, die Brustflossen, Bauchflossen und die Afterflossen rötlich, die übrigen Flossen gelb gefärbt mit grauem Saum. Die Karausche ist über ganz Mittel- und Nordeuropa verbreitet, erreicht eine Länge von ungefähr 15 cm und ein Gewicht bis zu $^3/_4$ kg, lebt auf dem Grunde, besonders von stehenden Wässern, in Teichen und Lachen, wo sie im Juni laicht. Ihre Nahrung ähnelt der des Karpfens, das Fleisch wird jedoch wenig geschätzt.

Anmerkung. Zwischen dem Karpfen und der Karausche gibt es eine Kreuzung, das sogenannte „Karpfgareisl" (Carpio Kollarii Heck.), das die Eigenschaften der beiden Fische miteinander vereinigt und durch dünne Barteln kenntlich ist. Es wird wenig über 20 cm lang.

3) Gattung der Schleien, Tinca

Diese Gattung ist ebenfalls nur durch eine Art vertreten.

39. (F) Schleie, Tinca tinca (L.).

Die Schleie hat einen nicht sehr hohen, ziemlich langgestreckten, mit kleinen, zarten Schuppen bedeckten Körper und einen mäßig großen Kopf mit zwei in den Mundwinkeln stehenden, kurzen Barteln. Das Auge ist klein und steht hoch am Kopf. Die kleine Rückenflosse beginnt etwas hinter der Bauchflossenbasis und endet schon vor Beginn der Afterflosse, die Schwanzflosse erscheint sanft ausgeschnitten, alle übrigen Flossen sind abgerundet. Die Färbung, die übrigens stark variiert, ist auf dem Rücken meist dunkelolivengrün, ins Schwärzliche spielend, mit Messingglanz, an den Seiten hell, am Bauch grauweiß, bei den Flossen hellbraun oder rötlich bis violett. Eine auffallende Farbenabart bilden die „Goldschleien", die in der Goldfarbe des Körpers dunklere Flecken aufweisen. Die Schleien sondern sehr viel Schleim ab, der die ganze Körperoberfläche schlüpfrig macht. Die erwachsenen Männchen unterscheiden sich von den Weibchen durch den verstärkten Randstrahl der Bauchflosse, durch etwas längere Brustflossen, größeren Kopf und höhere Rückenflosse. Die Schleie ist durch fast ganz Europa verbreitet, erreicht eine Länge von nahezu $^1/_2$ m und ein Gewicht von über 3 kg; ihre Laichzeit fällt in die Monate Juni und Juli. Sie ist ein sehr träger Fisch, der in Flüssen, vornehmlich aber in stehendem Wasser mit schlammigem Grund, lebt und als Nebenfisch in Karpfenteichen gehalten wird. Auch sie wühlt im Schlamm, um sich ihr Futter zu suchen. Die Schleie erfreut sich als Speisefisch zunehmender Beliebtheit, weshalb man in neuerer Zeit ihrer Zucht größere Aufmerksamkeit zuwendet.

4) Gattung der Barben, Barbus

Die Barben haben einen schlanken, verhältnismäßig niedrig gebauten Körper, den kleine oder mittelgroße, gegen den Schwanz zu etwas größer werdende Schuppen bedecken. Der Mund ist halb oder ganz unterständig; an seiner oberen Kinnlade befinden sich vier Barteln, zwei davon ganz vorne und zwei ungefähr im Mundwinkel. Die Augen sind verhältnismäßig klein. Die Rücken- und Afterflosse hat eine kurze Basis, erstere beginnt vor oder über dem Anfang der Bauchflossenbasis. Der höchste Stachel der Rückenflosse ist an seinem hinteren Rand entweder gesägt oder ganzrandig.

In der Seitenlinie zwischen 55 und 62 Schuppen.

1. Der größte Stachel der Rückenflosse hinten grob gesägt.... (F) Gemeine Barbe, Barbus barbus (L)., S. 65.

2. Der größte Stachel der Rückenflosse hinten glatt, ganzrandig.... (F) Semling, Barbus petenyi Heck., S. 65.

40. (F) Gemeine Barbe, Barbus barbus (L.).

Die gemeine Barbe hat einen langgestreckten, fast zylindrischen, mit mittelgroßen Schuppen bedeckten Körper. Auch der Kopf ist lang. Die fleischige Oberlippe überragt die Unterlippe deutlich. Die Augen sind klein und stehen hoch am Kopf, der lange und starke Barteln trägt. Der Rückenbogen ist mäßig gewölbt, die Rückenflosse ist höher als lang und beginnt etwas vor dem Ursprung der Bauchflossen. Sie endet beträchtlich vor dem Beginne der Afterflosse, deren größter Stachel hinten grob gesägt ist. Die Schwanzflosse erscheint tief eingeschnitten. Der Rücken zeigt eine olivengrüne, der Bauch und die Unterseite des Kopfes eine weiße und die Rückenflosse eine bläuliche Färbung. Die Seiten sind lichter grün und werden gegen den Bauch zu grünlichweiß. Die mit einem schwärzlichen Saume eingefaßte Schwanzflosse und die übrigen Flossen haben eine rötliche Farbe. Die Barbe erreicht eine Länge von ungefähr $^3/_4$ m und ein Gewicht von 5 bis 6, ja sogar 7 kg. Sie lebt in stehenden und fließenden Gewässern, im Gebirge wie in der Ebene, und laicht im Mai und Anfang Juni. Ihre Nahrung besteht aus Würmern, kleinen Fischen oder tierischen und pflanzlichen Abfällen. Das Fleisch ist ziemlich gut, der Rogen jedoch ruft, besonders in der Laichzeit, Vergiftungserscheinungen in Form von heftigem Durchfall und Erbrechen hervor. Die Barbe kommt im größten Teil von Europa vor.

41. (F) Semling, Barbus petenyi Heck.

Der Semling, auch „Petenyis Barbe" genannt, hat eine gestreckte Gestalt. Die Schuppen sind größer als bei der vorigen Art. Von dieser unterscheidet er sich noch außer durch den glatten Stachel der Rückenflosse durch die stumpfere Schnauze, die weniger fleischigen Lippen und den breiten Hinterkopf. Die Rückenflosse beginnt vor dem Anfange der Bauchflossenbasis, die Afterflosse hat sehr lange Stacheln und Strahlen und reicht zurückgelegt bis hinter den Beginn der Schwanzflosse. In der Grundfarbe des Körpers, Kopfes, Rumpfes und Schwanzes finden sich große, braunschwarze, oft zusammenfließende Flecken, die nur den Bauch freilassen. Auch die Bauchflossen sind ungefleckt und rötlichgelb. Die Grundfarbe der Rücken- und Schwanzflosse ist gelblichgrau. Der Semling wird ungefähr $^1/_4$ m lang und findet sich in ganz Mitteleuropa.

5) Gattung der Grundeln, Gobio

Die beiden hieher gehörigen Arten sind kleine, aber wegen ihres wohlschmeckenden Fleisches dennoch als Marktfische verwendete Fischchen. Sie haben einen ziemlich schlanken, gestreckten, mit mäßig großen Schuppen bedeckten Körper. Der Kopf ist länger als hoch, das Auge mäßig groß, der Mund endständig. Die Rückenflosse beginnt vor oder über dem Ursprung der Bauchflossen, die Schwanzflosse erscheint eingeschnitten.

1. Augen seitlich sehend, Kopf, Rumpf, Rücken- und Schwanzflosse braungefleckt, Rückenflosse vor der Bauchflossenbasis beginnend.... (F) Grundel, Gobio gobio (L.), S. 66.
2. Augen hoch gegen die Stirne gerichtet, daher schief aufwärts sehend, Schwanzflosse ungefleckt, ebenso meist der Rumpf, Rückenflosse über dem Beginn der Bauchflossenbasis beginnend und hie und da in der Mitte mit einer Reihe brauner Punkte besetzt.... (F) Steingreßling, Gobio uranoscopus (Agassiz), S. 66.

42. (F) Grundel, Gobio gobio (L.).

Die Grundel, auch „Gründling" oder „Greßling", hat einen spindelförmigen, kräftigen Körper mit stark gewölbtem Rücken- und Stirnprofil. Der Kopf ist groß, der Mund ziemlich weit, die Augen stehen hoch auf dem Kopf, sehen aber seitwärts. Die im Mundwinkel stehenden Barteln reichen zurückgelegt nur bis etwa unter die Augenmitte. Die Rückenflosse beginnt vor den Bauchflossen, die Schwanzflosse ist schwach eingeschnitten, die Grundfarbe des Rückens schwärzlichgrau, oft dunkelgrün gefleckt. Es gibt lichtere und dunklere Exemplare. Alle zeigen die in der Bestimmungstabelle angeführten schwarzbraunen Flecken. Die Grundel wird etwa 10 cm, selten bis 15 cm lang, lebt in ganz Europa und Mittelasien, sowohl in fließendem wie stehendem, vornehmlich jedoch in klarem Wasser, zu großen Schwärmen vereinigt. Ihre Laichzeit dauert von Mai bis Anfang Juni. Wegen des guten Fleisches wird sie trotz ihrer Kleinheit als Speisefisch geschätzt.

43. (F) Steingreßling, Gobio uranoscopus (Agassiz).

Der Steingreßling hat einen gestreckteren, niedrigeren Körper als die Grundel, mit weniger stark gewölbtem Rücken. Auch das Stirnprofil steigt nicht so steil an, der Kopf erscheint daher gestreckter als bei der ersteren Art. Die Barteln sind viel länger und erreichen zurückgelegt nahezu die Kiemenspalten. Die Rückenflosse beginnt über dem Beginn der Bauchflossenbasis, die Schwanzflosse ist tief eingeschnitten. Der Körper und die Flossen sind meist ganz ungefleckt, seltener stehen längs des Rückens und der Seitenlinie braune Flecken und ebensolche Punkte auf der Rückenflosse. Der Steingreßling kommt im Donaugebiet vor. Seine wirtschaftliche Bedeutung ist nicht so groß wie die der Grundel, der er im übrigen, z. B. rücksichtlich der Laichzeit, der Lebensweise usw. gleicht.

6) Gattung der Brachsen, Abramis

Die Brachsen haben einen meist ziemlich hochrückigen, seitlich zusammengedrückten und mit mittelgroßen Schuppen bedeckten Körper. Der Kopf ist klein, das Auge niemals sehr groß, die unter- oder endständige Mundspalte mehr oder weniger schief gestellt. Die Rückenflosse beginnt stets hinter der Basis der Bauchflossen und endet vor oder über der Basis der Afterflosse, deren erster Teil verlängert und breit zipfelförmig ausgezogen erscheint. Bei vielen Arten ist der untere Teil der tief ausgeschnittenen Schwanzflosse deutlich länger als der obere. Die Rückenflosse hat eine nach hinten zu stark abgestutzte Form, weil ihre letzten Strahlen viel kürzer sind als die ersten.

A. In der Seitenlinie weniger als 65 Schuppen.
1. In der Afterflosse nur 17 bis 20 Strahlen[1]), in der Seitenlinie 44 bis 50 Schuppen, die Seitenlinie beiderseits von einer Reihe schwärzlicher Punkte besetzt.... (F) Schußlaube, Abramis bipunctatus (L.), S. 70.
2. In der Afterflosse 20 bis 23 Strahlen, in der Seitenlinie 54 bis 60 Schuppen, Mund unterständig.... (*) Blaunase, Abramis vimba (L.), mit einer stumpfschnauzigen Varietät, dem Seerüßling, var. elongatus Agassiz, S. 68.
3. In der Afterflosse 22 bis 27 Strahlen, in der Seitenlinie 43 bis 48 Schuppen, Mund nahezu endständig, nur wenig von der Oberlippe überragt.... (F) Zobelpleinze, Abramis blicca (Bl.), S. 70.
4. In der Afterflosse 26 bis 31 Strahlen, in der Seitenlinie 51 bis 57 Schuppen, Mund halb unterständig.... (F) Brachsen, Abramis brama (L.), S. 68.
5. In der Afterflosse 41 bis 48 Strahlen, in der Seitenlinie 50 bis 52 Schuppen, Mund halb unterständig.... (F) Scheibpleinze, Abramis sapa (Pall.), S. 69.
B. In der Seitenlinie 69 bis 73 Schuppen, Mund endständig... (F) Pleinze, Abramis ballerus (L.), S. 69.

---

[1]) Die Stacheln und Strahlen sind hier immer gemeinsam gezählt. Die Formel der betreffenden Flosse lautet also z. B. bei Abramis vimba für die Afterflosse eigentlich $A \dfrac{III}{17-20}$ usw.

44. (F) Brachsen, Abramis brama (L.).

Der Brachsen oder Blei hat einen hohen, seitlich stark zusammengepreßten Rumpf mit besonders vor der Rückenflosse stark gewölbtem
Rückenprofil. Der Mund ist nahezu endständig, d. h. halb unterständig
und wird nur wenig von der stumpfen Nase überragt. Der Kopf setzt
sich auf der Stirne durch eine sanfte Einbuchtung gegen den steiler
ansteigenden Rücken ab. Die Rückenflosse beginnt sehr nahe hinter
dem Ende des Bauchflossenursprunges und erstreckt sich mit ihrer
Basis bis hinter den Beginn jener der Afterflossen. Der Schwanzstiel
ist kurz und ziemlich hoch, die untere Hälfte der Schwanzflosse länger
als die obere, der obere Teil des Kopfes und der Rücken schwärzlich
oder grünlich, der Bauch weiß. Die Seiten sind gelblichweiß, silberglänzend, die Flossen graublau gefärbt. Der Brachsen erreicht eine
Länge bis zu $^3/_4$ m und ein Gewicht von über 5 kg. Er lebt in ganz
Mittel- und Westeuropa in langsam fließendem oder stehendem Wasser
mit schlammigem Grunde. Im Sommer hält er sich meist in der Tiefe
auf und wühlt im Schlamm. Er laicht des Nachts im Mai und Juni,
und zwar in der Nähe des Ufers. Während dieser Zeit bekommen die
Männchen starke Auswüchse auf den Schuppen und Hautwarzen auf
dem Kopfe, die bei dieser Art besonders lange, oft bis September und
Oktober, anhalten. Sein Fang wird vornehmlich zur Laichzeit und im
Winter betrieben; das Fleisch ist bei uns nur wenig geschätzt.

Anmerkung. Von dem Brachsen gibt es eine Kreuzung mit der
Rotfeder, Leuciscus rutilus L., die unter dem Namen Abramis leuckar-
tii Heck. als eigene Art beschrieben wurde. Sie gleicht im allgemeinen
dem Brachsen, doch sind der obere und untere Lappen der Schwanzflosse
von gleicher Länge.

45. (*) Blaunase, Abramis vimba (L.).

Die Blaunase oder Zährte hat einen niedrigeren, gestreckteren
Körper als der Brachsen; ihre Schuppen sind ziemlich groß. Der Kopf,
der sich nur durch eine ganz seichte Vertiefung vom Rückenprofil absetzt, ist etwas größer und gestreckter als bei den übrigen Brachsen-
arten. Der vollständig unterständige Mund wird deutlich von der
Schnauzenspitze überragt und steht nur wenig schief. Die Oberlippe
erscheint dick und fleischig. Die mäßig stark eingeschnittene, in ihrem
oberen und unteren Teile ziemlich gleich lange Rückenflosse beginnt
unmittelbar hinter dem Ende der Bauchflossenbasis und endigt vor dem
Beginn der Afterflosse. Der Rücken und die Oberseite des Kopfes ist
bräunlich oder bläulich gefärbt; die Seiten sind heller, der Bauch silberglänzend. Die durch ganz Mittel- und hauptsächlich Nordeuropa verbreitete Blaunase lebt sowohl im Süßwasser wie auch im Brackwasser
und sogar im Salzwasser der Ostsee. In letzterem Gebiete verbringen
die Tiere den Winter im Meere und steigen im Frühjahr in die Flüsse

auf. Im Gebiete der Donau ist die Art nicht sehr häufig. Auch sie wühlt so wie die Brachsen im Schlamm. Ihre Laichzeit fällt in den Monat Juni. Während dieser Zeit wird die Färbung oft viel dünkler. Das Fleisch ist geschätzt. Die Blaunase erreicht eine Länge von 20 bis 30 cm und ein Gewicht von etwas über $^1/_2$ kg.

Anmerkung. Von dieser Art gibt es eine Varietät, den (F) Seerüßling, Abramis vimba elongatus Agassiz, der sich durch einen weniger stark unterständigen Mund, also durch eine kürzere Oberlippe, und schwach eingeschnittene Schwanzflosse, deren unterer Teil dem oberen vollständig gleich ist, von der Stammart unterscheidet. Oft findet sich bei dieser Varietät an den Flanken des Körpers eine aus einzelnen Punkten bestehende Längslinie, die bis zur Schwanzflossenwurzel reicht.

46. (F) Pleinze, Abramis ballerus (L.).

Die Pleinze hat einen mäßig hohen, mit mittelgroßen Schuppen bedeckten Körper, dessen Rückenprofil weniger stark gebogen erscheint als das Bauchprofil. Der Kopf ist klein, der Mund schief und vollkommen endständig; die Stirn steigt viel weniger steil an als bei den anderen Arten. Der Hinterkopf setzt sich, weil sich das Rückenprofil hinter demselben steil erhebt, oben deutlich vom Körper ab. Die Rückenflosse beginnt erst in einiger Entfernung hinter dem Ende der Bauchflossenbasis und endet hinter dem Beginne der Afterflosse. Diese ist bedeutend langgestreckter als bei den vorhergehenden Arten und der untere Teil der Schwanzflosse viel stärker ausgezogen als der obere. Die Färbung ähnelt der der vorhergehenden Arten. Die Pleinze erreicht eine Länge von 30 cm bis $^1/_2$ m, ein Gewicht von über $^1/_2$ bis 1 kg und laicht im Mai; in ihrer Lebensweise gleicht sie im übrigen den vorher erwähnten Arten. Als Nahrungsmittel wird sie nicht besonders geschätzt.

47. (F) Scheibpleinze, Abramis sapa (Pall.).

Die Scheibpleinze gleicht im allgemeinen Körperbau der vorigen Art, läßt sich jedoch leicht an der dicken, gedrungenen, vorne nahezu senkrecht abgestumpften Schnauze erkennen. Weiters ist der Mund weniger schief gestellt, die Mundspalte viel kürzer und das Auge groß. Die Rückenflosse beginnt in ziemlicher Entfernung vom Ende der Bauchflossenbasis und erstreckt sich bis hinter den Beginn der Afterflosse. Die Scheibpleinze hat eine helle Silberfarbe mit Perlmutterglanz; nur die Rücken-, After- und Schwanzflossen sind schwärzlich gesäumt, sonst aber ebenfalls weißlich. Sie erreicht eine Länge von ungefähr 30 cm und ein Gewicht von $^1/_2$ kg und lebt in schnellfließenden Gewässern im Donaugebiet und dessen Nebenflüssen. Als Speisefisch wird die Scheibpleinze wenig geachtet, ihre silberglänzenden Schuppen finden jedoch zur Bereitung von Perlenessenz Verwendung.

48. (F) *Zobelpleinze, Abramis blicca (Bl.).*

Die Zobelpleinze hat einen hohen, seitlich zusammengedrückten Körper, ähnlich dem Brachsen; der Kopf ist verhältnismäßig größer als bei dieser Art, der kleine Mund halb unterständig, ziemlich schiefstehend, das Auge ziemlich groß. Der Kopf setzt sich vom stark gebogenen Rückenprofil deutlich ab. Die Rückenflosse beginnt in einiger Entfernung hinter dem Ende der Brustflossenbasis und endet über oder hinter dem Beginne der Afterflosse. Der untere Teil der Schwanzflosse erscheint nur wenig länger als der obere. Der Rücken dieser Art ist bräunlichblau, der Bauch weiß. Die Seiten haben Silberglanz, die Brust- und Bauchflossen eine rote Basis. Die Zobelpleinze lebt in stehenden und fließenden Gewässern, am liebsten in schwach fließenden mit sandigem oder tonigem Grund, in Mittel- und Osteuropa. Sie laicht ebenfalls im Mai, während welcher Zeit das Männchen einen schwachen Hautausschlag bekommt. Ihr Fleisch ist nicht besonders geschätzt.

Anmerkung. Von dieser Art gibt es eine Kreuzung mit dem Brachsen, die auch in unserem Gebiete vorkommt.

49. (F) *Schußlaube, Abramis bipunctatus (L.).*

Die Schußlaube hat den ·niedrigsten und gedrungensten Körperbau dieser Gattung. Der Kopf ist groß, der Mund endständig, mäßig schief gestellt und ziemlich groß, ebenso das Auge. Die Rückenflosse beginnt in einiger Entfernung hinter dem Ende der Bauchflossenbasis und endet über oder etwas vor dem Beginne der Afterflosse. Der untere Teil der Schwanzflosse ist dem oberen ungefähr gleich, der Rücken dunkelgrün, der Bauch hellsilberglänzend; die Seiten sind grünlichsilbern. Unmittelbar über und unter der Seitenlinie verläuft je eine aus schwarzen Punkten bestehende Längslinie. Diese beiden Linien liegen dicht nebeneinander und bilden einen flachen, nach oben offenen Bogen. Über der Seitenlinie befindet sich oft eine gerade schwarzblaue Längsbinde. Die Schußlaube lebt als Grundfisch in klaren, schnellfließenden Gewässern Mitteleuropas, laicht im Mai und Juni und erreicht eine Größe von 15 cm. Als Nahrungsmittel hat sie nur geringe Bedeutung.

7) Gattung der Sichlinge, Pelecus

Diese Gattung ist bei uns nur durch eine Art vertreten.

50. (*) *Sichling, Pelecus cultratus (L.).*

Der Sichling ist ein sehr charakteristischer, bis 40 cm langer Fisch, der wegen seines seitlich sehr zusammengepreßten, mit scharfer Bauchkante versehenen Körpers auch den Namen „Messerfisch" erhalten hat. Das Rückenprofil erscheint nahezu ganz eben, der Mund fast senkrecht gestellt und die Bauchkante stark gebogen. Die Rückenflosse steht vollständig über der Afterflosse, der untere Teil der Schwanzflosse ist länger als der obere. Die Seitenlinie hat einen unregelmäßigen, mehrfach gekrümmten

Verlauf, der Rücken eine graubraune Färbung. Die Seiten sind hellsilbern. Er lebt sowohl im Süßwasser Mittel- und Osteuropas als auch in der Ostsee und laicht im Mai. Bei uns ist er nicht sehr häufig und wird als Speisefisch nicht sehr geschätzt.

8) Gattung der Lauben, Alburnus

Die Lauben haben einen mäßig hohen, gestreckten, seitlich zusammengedrückten Körper mit sanft gebogenem Rückenprofil und großen oder mittelgroßen, leicht abfallenden Schuppen und einen verhältnismäßig nicht großen Kopf mit stark schief gestelltem, endständigem Mund. Die kurze Rückenflossenbasis beginnt in kürzerer oder beträchtlicherer Entfernung hinter dem Ende der Bauchflossenbasis und endet hinter dem Beginne der Afterflosse. Die ersten Strahlen dieser letzteren sind nicht viel länger als die übrigen und nicht zipfelförmig ausgezogen. Die Schuppen der hieher gehörigen Arten werden ebenfalls zur Bereitung von Perlenessenz verwendet.

A. In der Seitenlinie 47 bis 53 Schuppen. In der Afterflosse 19 bis 23 Strahlen. Die Rückenflosse beginnt beträchtlich hinter dem Ende der Bauchflossen.... (F) Laube, Alburnus alburnus (L.), S. 71.

B. In der Seitenlinie 65 bis 68 Schuppen.... (F) Schiedling, Alburnus mento Agassiz, S. 71.

51. (F) Laube, *Alburnus alburnus* (L.).

Die Laube hat einen mit großen Schuppen bedeckten, kräftigen Körper. Die Mundspalte ist lang und sehr stark schief gestellt; der Unterkiefer ragt ein wenig über den Oberkiefer hervor. Die Rückenflosse steht oft mit der ganzen zweiten Hälfte der Basis über der Afterflosse. Ihre hintere Kante fällt mäßig steil ab. Die Schwanzflosse ist tief gegabelt, die Schuppen sind sehr weich. Der Rücken hat eine stahlblaue Färbung; die Seiten und der Bauch sind silberglänzend, alle Flossen, mit Ausnahme der graugefärbten Rücken- und Bauchflossen, farblos. Die Laube erreicht eine Länge von 20 cm. Sie ist ein lebhafter, behender Fisch, der in fließenden und stehenden Gewässern und auch im Brackwasser ganz Europas nahe der Oberfläche des Wassers lebt. Sie laicht im Mai und Juni, wobei sie sich in Scharen sammelt. Als Nahrungsmittel wird sie wenig geschätzt.

Anmerkung. Von dieser Art ist eine Kreuzung mit dem Moderlieschen, Leucaspius delineatus Heck., S. 72, bekannt.

52. (F) Schiedling, *Alburnus mento Agassiz*.

Der Schiedling oder die Mairenke, auch „Hasel" oder „Laube" genannt, unterscheidet sich von den beiden vorhergehenden Arten außer durch die größere Anzahl der Schuppen in der Seitenlinie auch durch den stark vorstehenden Unterkiefer und durch die Stellung der Rückenflosse. Diese beginnt in einiger Entfernung hinter dem Ende der Bauchflossenbasis und endet vor dem Beginn der Afterflosse. Sie ist beträchtlich höher als lang. Der Kopf und der Rücken sind dunkelgrün mit stahlblauem Schimmer, die Seiten silberglänzend, Rücken- und Schwanzflosse haben einen schwärzlichen Saum. Der Schiedling erreicht eine Länge von über 25 cm, lebt in klaren, kalten Gewässern mit Steingrund, namentlich in Gebirgsseen und kleinen Flüssen, vornehmlich im nördlichen Teil der Alpengebiete, Oberösterreich usw. und laicht im Mai. Als Speisefisch wird er wenig geschätzt.

9) Gattung der Schiede, Aspius

Diese Gattung ist in unserem Gebiet nur durch eine Art vertreten.

53. (F) *Schied, Aspius aspius L.*

Der Schied hat eine gestreckte, schlanke, nicht sehr hohe Gestalt mit sanft gebogenem Rückenprofil. Der Kopf ist verhältnismäßig groß, der Mund weit, schief gestellt und mit vorragendem Unterkiefer ausgestattet, dessen Spitze in eine grubenartige Vertiefung des Oberkiefers eingreift. Die Rückenflossenbasis beginnt in ziemlicher Entfernung hinter dem Ende der Bauchflossenbasis und endet vor dem Beginn der Afterflosse. Die Strahlen der Rückenflosse nehmen nach hinten zu stark an Größe ab, weshalb die etwas geschweifte Hinterkante der Flosse einen stark abschüssigen Verlauf hat. Die Schwanzflosse ist tief gegabelt, die Schuppen erscheinen mäßig groß und sehr weich. Der Rücken hat eine schwarzblaue Färbung, der Bauch eine weiße. Die Seiten sind blauweiß, die Rücken- und Schwanzflosse blau, die übrigen Flossen rötlich. Der Schied erreicht eine Länge von 70 cm und ein Gewicht von 6 kg. Er lebt in reinem, nicht schnellfließendem oder stehendem Wasser des Flachlandes von ganz Mittel- und Osteuropa und von Norwegen. Seine Laichzeit fällt in die Monate April, Mai und Juni. Als Tafelfisch ist er wenig geschätzt.

10) Gattung der Weißschiede, Leucaspius

Auch diese Gattung ist nur durch eine Art vertreten.

54. (F) *Moderlieschen, Leucaspius delineatus Heck.*

Das Moderlieschen hat einen niederen, seitlich zusammengedrückten Körper mit großem Kopf. Der Mund steht stark schief, der Unterkiefer ragt vor. Die Rückenflosse, die in ziemlicher Entfernung hinter dem Ende der Bauchflossenbasis beginnt, endet über oder unbedeutend hinter dem Beginn der Afterflosse. Diese Art lebt in kleinen Gewässern Südost-, Mittel- und Nordeuropas, wird über 10 cm lang und laicht im April und Mai. Als Speisefisch kommt sie wenig in Betracht.

11) Gattung der Weißfische, Leuciscus

Diese Gattung umschließt mehrere Arten, die alle einen mäßig hohen Körper haben. Der Kopf ist ziemlich klein, ebenso die Augen; die Mundspalte steht mäßig schief. Die Rückenflosse beginnt vor, über oder unmittelbar hinter der Bauchflossenbasis und endet stets in ziemlicher Entfernung vor dem Beginn der Afterflosse; die große Schwanzflosse ist tief gegabelt.

A. Mund vorderständig, in der Seitenlinie 37 bis 46 Schuppen. In der Rückenflosse 13 bis 14 Strahlen, in der Afterflosse 12 bis 14, an den Seiten des Körpers nie ein dunkelblaugraues Band.... (*) Plötze, Leuciscus rutilus (L.), S. 73.

B. Mund unterständig, in der Seitenlinie 46 bis 49 Schuppen.... (F) Frauenfisch, Leuciscus pigus Fil., S. 74.

C. In der Seitenlinie 55 bis 60 Schuppen, Körper ziemlich hochgewölbt, Rückenflosse sichtlich hinter dem Beginn der Bauchflossenbasis beginnend.... (*) Gängling, Leuciscus idus (L.), S. 73.

D. In der Seitenlinie 60 bis 67 Schuppen, Körper schlank, niedrig, die Rückenflosse vor dem Beginn der Bauchflossenbasis beginnend.... (F) Perlfisch, Leuciscus friesii Nordm., S. 74.

55. (*) Gängling, *Leuciscus idus (L.)*.

Der Gängling, „Gangl" oder „Nerfling" ist eine der am höchsten gebauten Arten dieser Gattung. Seinen Körper bedecken ziemlich große Schuppen. Die nicht sehr große Rückenflosse beginnt etwa über der zweiten Hälfte der Afterflossenbasis; ihre hintere Kante fällt mäßig steil ab. Die Färbung dieser Art erscheint nach Alter, Jahreszeit, Aufenthaltsort usw. sehr verschieden. Zur Laichzeit wird die Färbung lebhafter, sonst ist der Rücken blaugrün mit schwärzlichem Anflug, der Bauch weiß; die Seiten sind gelblichweiß, die Bauch- und Afterflossen schmutzig rötlich. Der Gängling erreicht eine Länge von etwa 80 cm und ein Gewicht von etwa über 3 kg, kommt in der Donau und vielen ihrer Nebenflüsse vor, jedoch weniger häufig als im nördlichen Teile Europas, wo er sich nicht nur in allen größeren klaren Flüssen und Seen, sondern auch in der schwachsalzigen Ostsee findet. Seine Laichzeit fällt in den April; das Fleisch wird nicht besonders geschätzt.

Anmerkung. Es gibt auch eine goldrot gefärbte Spielart des Gänglings, die Orfe heißt.

56. (*) Plötze, *Leuciscus rutilus (L.)*.

Die Plötze, Rotfeder, Rotauge oder „Rotäugel" hat einen mäßig hohen, mit großen Schuppen bedeckten Körper, dessen Rückenprofil sich hinter dem nicht sehr großen Kopf steiler erhebt, so daß dieser ein wenig vom Körper abgesetzt erscheint. Der Mund ist nur wenig schief gestellt und klein. Die Rückenflossenbasis beginnt über dem Ende der Bauchflossenbasis und endet kurz vor dem Beginn der Afterflosse. Die Rückenflosse ist ungefähr gleich hoch und lang, und ihre Hinterkante fällt ziemlich steil ab. Der Rücken ist blau oder grünschwarz, der Bauch silberglänzend; die Seiten sind heller, die Bauch- und Afterflossen rot, die Brustflossen grauweiß, die Rücken- und Schwanzflosse rötlichgrau. Bei älteren Tieren sind sämtliche Flossen rötlich. Die Plötze erreicht bis zu $^1/_3$ m Länge und 1 kg Gewicht. Sie ist in ganz Mittel- und Nordeuropa im fließenden und stehenden Wasser, auch im Meerwasser überaus häufig und laicht im April und Mai, zu welcher Zeit die Männchen einen weißen Hautausschlag auf dem Rücken und Kopfe bekommen. Als Nahrungsmittel wird sie nicht besonders geschätzt, mehr als Futter für Edelfische, z. B. Lachse, Forellen usw.

57. (F) *Frauenfisch, Leuciscus pigus Fil.*

Der Frauenfisch besitzt eine gestrecktere, niedrigere Gestalt als die Plötze, auch ist der Kopf kürzer und das Auge kleiner. Der Mund ist noch weniger schief gestellt, nahezu waagrecht, etwas von der Oberlippe überragt, der Kopf groß und nicht vom Körper abgesetzt. Die Rückenflosse beginnt über der Basis der Bauchflosse und endet in ziemlicher Entfernung vor dem Beginn der Afterflosse. Die Schuppen sind groß. Die Grundfarbe des Rückens ist grünlich oder grünlichbraun, metallisch glänzend, der Bauch weiß. Die Seiten sind bläulich oder bronzefarben, die Bauch- und Afterflossen bald dunkel, nahezu schwarz, bald lichter, rötlich gefärbt, die Brustflossen farblos, die Rückenflossen graulich oder grünlichbraun. Die Schwanzflosse hat eine rötlichgraue Farbe. In der Laichzeit, im April und Mai, wird die Färbung im allgemeinen viel lebhafter und prächtiger. Dann bekommt das Männchen auch einen sehr starken Hautausschlag in Gestalt kegelartiger, wie Dornen aussehender Hautverdickungen, die auf dem Rücken, den Seiten, über der Seitenlinie und teilweise auch auf den Flossen in Reihen angeordnet stehen. Der Frauenfisch wird nahezu 50 cm lang und über $1^1/_4$ kg schwer. Er kommt im Donaugebiet und in den norditalienischen Seen vor. Als Speisefisch ist er in den letzteren Gegenden mehr geschätzt als bei uns.

58. (F) *Perlfisch, Leuciscus friesii Nordm.*

Der Perlfisch besitzt einen niedrigen, langgestreckten, nur wenig seitlich zusammengedrückten, fast zylindrischen, mit ziemlich kleinen Schuppen bedeckten Körper. Der kleine, halb unterständige Mund ist nur wenig schief gestellt. Die Rückenflosse beginnt vor der Bauchflosse. Der Rücken und der obere Teil des Kopfes sind schwärzlichgrün, die Seiten bleigrau, die Brust und der Bauch milchweiß gefärbt. Er wird bei 60 cm lang und ungefähr 5 kg schwer, lebt in den tiefsten Stellen des Atter-, Mond-, Traun- und Chiemsees, von wo er zur Laichzeit im

Mai und Juni an die Ufer und in die einmündenden Bäche aufsteigt. Dann bekommt sowohl das Männchen als auch das Weibchen hauptsächlich am Oberkopf und Vorderrücken einen starken Hautausschlag von kegelförmigen Warzen. Das Fleisch des Perlfisches wird nicht sonderlich geschätzt.

12) Gattung der Rotfedern, Scardinius

Diese Gattung ist bei uns nur durch eine Art vertreten.

59. (*) Rotfeder, Scardinius erythrophthalmus (L.).

Die Rotfeder oder das „unechte Rotauge" besitzt einen hohen, gedrungenen, seitlich zusammengedrückten, mit großen, starken Schuppen bedeckten Körper und einen kleinen Kopf mit ebensolchen Augen und stark schief gestelltem, endständigem, mäßig großem Mund. Die Rückenflosse beginnt in einiger Entfernung hinter dem Ende der Bauchflossenbasis und endet vor oder über dem Beginn der Afterflosse. Die Flossen der Rotfeder, die im übrigen einen stahlblauen Rücken und messinggelbe Seiten hat, sind blutrot. Sie wird ungefähr $^1/_3$ m lang und $^3/_4$ kg schwer, lebt in brackigen und süßen, stehenden oder fließenden Gewässern in ganz Europa und Mittelasien und laicht im April und Mai, während welcher Zeit die Männchen einen krustigen Hautausschlag auf dem Rücken und dem Kopf bekommen. Als Speisefisch wird sie wenig geschätzt.

13) Gattung der Alteln, Squalius

Die Alteln besitzen einen niedrigen, gestreckten, rundlichen Körper mit mittelgroßen oder kleinen Schuppen. Der Kopf ist ziemlich groß, die Mundspalte mäßig schief gestellt. Die Rückenflosse beginnt vor oder über dem Ende der Bauchflossenbasis und endet stets in beträchtlicher Entfernung vor dem Beginn der Afterflosse. Die Schwanzflosse ist groß.

A. In der Seitenlinie zwischen 39 bis 46 Schuppen, Körper rund, Mund endständig.... (F) Altel, Squalius cephalus (L.), S. 75.

B. In der Seitenlinie zwischen 46 bis 54 Schuppen. Größte Höhe der Rückenflosse sichtlich größer als die Länge ihrer Basis, Körper seitlich zusammengedrückt. Mund halb unterständig.... (F) Hasel, Squalius grislagine (L.) = Squalius vulgaris (L.), S. 76.

60. (F) Altel, Squalius cephalus (L.).

Das Altel hat einen breiten, gewölbten Kopf mit mäßig großen Augen und endständigem Mund. Die Rückenflosse beginnt über oder hinter dem Ende der Bauchflossenbasis und ist höher als lang. Die Schuppen sind groß und stark. Der Rücken hat eine bräunlich- oder schwärzlichgrüne, der Bauch eine silberglänzende Farbe. Die Seiten sind gelblich, die Bauch- und Afterflosse hochrot. Das Altel lebt in stehenden und fließenden Gewässern Mitteleuropas, und zwar sowohl in der Ebene als auch im Gebirge. Es wird bei $^3/_4$ m lang und bis $4^1/_2$ kg schwer. Seine Laichzeit, während welcher das Männchen einen feinen Hautausschlag erhält, fällt in den Mai und Juni. Als Speisefisch wird es nicht sehr geschätzt.

61. (F) Hasel, *Squalius grislagine (L.)*.

Die Hasel hat einen seitlich stärker als die vorhergehende Art zusammengedrückten Körper, einen mäßig langen Kopf mit mittelgroßen Augen und nicht sehr langer Mundspalte, die nahezu endständig, d. h. halb unterständig ist. Die Rückenflosse beginnt über der Bauchflossenbasis. Der Körper, die Rückenflosse und die Schwanzflosse sind schwärzlich oder stahlblau, die Brust- und Afterflossen rötlich gefärbt. Die Hasel erreicht eine Länge von etwa $^1/_3$ m. Sie lebt in langsam fließendem Wasser, besonders im Donaugebiet und in einigen Seen, wie z. B. im Bodensee. Ihre Laichzeit fällt in den März und April; dann bekommen die Männchen einen ganz feinen Hautausschlag in Gestalt von dunklen Punkten. Als Speisefisch ist die Hasel nicht geschätzt.

14) Gattung der Laugen, Telestes

Diese Gattung ist nur durch eine Art vertreten.

62. (F) Lauge, *Telestes agassizii Cuv. Val.*

Die Lauge hat einen niedrigen, ziemlich gestreckten, seitlich zusammengedrückten Körper mit mittelgroßen Schuppen und einen nicht sehr großen Kopf mit kleiner, wenig schief gestellter, nahezu endständiger Mundspalte. Die Rückenflosse beginnt über dem Ende der Bauchflossenbasis und endigt in beträchtlicher Entfernung vor dem Beginne der Afterflosse. Der Rücken ist bläulich-dunkelgrau, der Bauch silbrig glänzend. An den Seiten befindet sich eine schwärzliche Längsbinde. Diese Art wird etwa 20 cm lang, lebt in den Nebenflüssen der Donau, des Rheins und der Rhone und in den Gewässern Italiens und laicht im März und April. Als Speisefisch hat sie wenig Bedeutung.

15) Gattung der Pfrillen, Phoxinus

Hieher gehört:

63. (F) Pfrille, *Phoxinus phoxinus (L.)*.

Die Pfrille oder Ellritze unterscheidet sich von der Lauge durch ihren niedrigen, schlanken, mit sehr kleinen Schuppen bedeckten Körper. Der Kopf ist mäßig groß, die Mundspalte klein und schief gestellt. Die Rückenflosse beginnt in beträchtlicher Entfernung hinter dem Ende der Bauchflossenbasis und endet über dem Beginn der Afterflosse.

Die Seitenlinie wird in ihrer hinteren Hälfte undeutlich. Der Rücken und die Seiten der Pfrille sind dunkelbraungrün mit metallischem Schimmer. Die Seiten haben oft einen schwarzen oder goldigen Längsstreifen. Die Unterseite ist gelblichweiß, die Afterflosse schwarz oder grau gebändert. In der Laichzeit werden die Farben viel lebhafter. Die Pfrille erreicht, allerdings selten, bis 15 cm Länge, lebt in Scharen in ganz Mittel- und Nordeuropa sowie in Italien in reinem, fließendem Wasser über Sandboden, und zwar in der Ebene und im Gebirge. Sie laicht im Mai und Juni. Trotz ihrer Kleinheit wird sie gern als Speisefisch verwendet.

16) Gattung der Näslinge, Chondrostoma

Die hieher gehörigen Arten haben einen niedrigen, gestreckten, seitlich mäßig zusammengedrückten, mit mittelgroßen oder kleinen Schuppen bedeckten Körper. Der Kopf ist mittelgroß oder klein, der stets unterständige Mund nicht sehr groß, in stärkerem oder schwächerem Bogen quergestellt und die Kinnladen mit eine Schneide bildenden Knorpeln bedeckt. Die Rückenflosse beginnt unmittelbar vor der Bauchflosse oder über der Basis der letzteren und endet stets weit vor dem Beginn der Afterflosse. Die Schwanzflosse hat mäßige Größe.

A. Längs der Seitenlinie stehen 57 bis 62 Schuppen, die Rückenflosse hat 11 Strahlen. Entfernung der zurückgelegten Brustflossenspitzen vom Beginne der Bauchflossen meist größer als die Länge der Brustflossen. Körper schlank, niedrig, die größte Höhe ungefähr $5\frac{1}{2}$- bis 6mal in der Gesamtlänge enthalten. Mundspalte nahezu gerade.... (F) Gemeiner Näsling, Chondrostoma nasus L., S. 77.

B. Längs der Seitenlinie stehen 52 bis 56 Schuppen, die Rückenflosse hat 12 Strahlen. Jederseits am Unterkiefer 6 Poren, Brustflossen mit ihren hinteren Spitzen nur bis etwa zur 13. Schuppe der Seitenlinie reichend, meist ein dunkles Längsband über und längs der Seitenlinie.... (F) Lau, Chondrostoma genei Bonap., S. 78.

64. (F) Gemeiner Näsling, Chondrostoma nasus L.

Der gemeine Näsling, auch Nase genannt, besitzt einen mit kleinen, festsitzenden Schuppen bedeckten niedrigen Körper und einen ziemlich kleinen Kopf. Die quere, nahezu geradlinige Mundspalte biegt nur an den Winkeln rasch nach hinten ab. Die Rückenflosse beginnt etwas vor der Mitte der Bauchflossenbasis. Der Rücken ist schwärzlichgrün, die Bauchhöhle ganz schwarz ausgekleidet, die Seiten sind heller, gegen den Bauch zu silberglänzend, alle Flossen in der Sommerzeit mehr oder weniger lebhaft rot. Er erreicht bei einem Gewicht von $1\frac{1}{2}$ kg eine Länge von etwa $\frac{1}{2}$ m und laicht vom März bis Mai, nach anderen Angaben im August, wobei beide Geschlechter einen Hautausschlag bekommen. Die Verbreitung des gemeinen Näslings erstreckt sich durch ganz Mitteleuropa nördlich der Alpen, wo er in fließenden und stehenden Gewässern gemein ist. Sein Fleisch ist nicht besonders geschätzt.

65. *(F) Lau, Chondrostoma genei Bonap.*

Der Lau vertritt den gemeinen Näsling südlich der Alpen, wurde jedoch auch schon im Inn und im Rhein gefangen. Er hat einen noch etwas niedrigeren Körper mit mittelgroßen Schuppen. Der Mund ist halbkreisförmig gebogen, nicht nahezu geradlinig wie bei der vorigen Art. Längs der Seitenlinie findet sich gewöhnlich ein Längsstreifen. In der Färbung ähnelt er dem gemeinen Näsling. Er erreicht eine Länge von etwa 20 cm. Als Nahrungsmittel hat er wenig Bedeutung.

17) Gattung der Schmerlen, Cobitis

Die Schmerlen sind leicht an dem sehr langgestreckten, niedrigen, mehr oder minder walzenförmigen, mit ganz kleinen Schuppen bedeckten Körper kenntlich; der Kopf ist klein, mit breiter Stirne, bis auf die Kiemenspalte vollständig von der Körperhaut bedeckt, der Mund unterständig, von saugenden Lippen umgeben, die Augen sehr klein. Die Rückenflosse steht der Bauchflosse gegenüber. Die Schwanzflosse erscheint entweder ganz abgerundet oder nur schwach eingeschnitten.

A. 10 Barteln.... (*) Schlammbeißer, Cobitis fossilis L., S. 78.
B. 6 Barteln.
  1. Die Bartfäden sind mäßig lang, kein sichtbarer Stachel vor den Augen, Leib rund.... (F) Schmerle, Cobitis barbatula L., S. 78.
  2. Die Bartfäden sind sehr kurz, vor dem Auge ein zweispitziger freier Stachel, der Leib seitlich zusammengedrückt.... (F) Steinbeißer, Cobitis taenia L., S. 79.

66. *(*) Schlammbeißer, Cobitis fossilis L.*

Der Schlammbeißer, Schlammpeitzker, Wetterfisch oder die Bißgurre hat einen rundlichen, walzigen, nur hinten seitlich zusammengedrückten Körper. Von den 10 Barteln stehen 6 an der Ober-, 4 an der Unterlippe. Alle Flossen sind abgerundet. Die Rückenseite des Körpers ist dunkelbraun, der Bauch orangegelb. Längs der Seitenlinie zieht sich eine breite, schwarzbraune, aus einzelnen Punkten zusammengesetzte Binde, über und unter dieser eine ähnliche von lichterer Färbung hin. Der Schlammbeißer lebt in stehenden schlammigen Gewässern Mittel- und Osteuropas sowie in der Ostsee, laicht vom April bis zum Juli und erreicht eine Länge von 30 cm. Als Speisefisch ist er wegen seines Modergeschmackes wenig geschätzt.

67. *(F) Schmerle, Cobitis barbatula L.*

Die Schmerle oder Bartgrundel hat einen etwas weniger langgestreckten, gedrungenen Körper und einen breiteren und längeren Kopf als die vorige Art; auch ist die Schwanzflosse nicht so stark abgerundet, sondern nahezu gerade abgestutzt oder sanft eingeschnitten. Sämtliche 6 Barteln stehen auf der Oberlippe. Die Rückenseite ist dunkelgrün; der Bauch hellgrau; die Seiten sind gelblich. Kopf,

Rücken und Seiten sind mit braunschwarzen, unregelmäßigen Marmorierungen versehen, die Rücken-, Schwanz- und Brustflossen gefleckt, die After- und Bauchflossen aber gelblichweiß. Die Schmerle lebt nicht nur in den Bächen und klaren, stehenden Gewässern ganz Europas, sondern auch in den Haffen der Ostsee. Sie laicht im April und Mai und wird nur 15 cm lang; ihr Fleisch ist geschätzt.

68. (F) Steinbeißer, *Cobitis taenia* L.

Der Steinbeißer unterscheidet sich von den beiden früheren Arten durch den seitlich stark zusammengepreßten Körper. In bezug auf Längen- und Höhenverhältnis gleicht er sonst der Schmerle. Die Grundfarbe des Körpers ist orangegelb mit Reihen rundlicher, schwarzer Flecken, von denen zwei Reihen — eine über und eine unter der Seitenlinie — ziemlich regelmäßig sind. Der Bauch und die Brust erscheinen ungefleckt. Der Steinbeißer lebt in ganz Europa und im gemäßigten und nördlichen Asien in fließenden und stehenden Gewässern mit Schlammgrund. Er erreicht eine Länge von etwas über 10 cm und laicht im April, Mai und Juni. Wenn er gefangen wird, gibt er einen eigentümlichen Laut von sich. Als Speisefisch ist er nicht geschätzt.

B. Familie der Welsartigen, Siluridae

Die Familie der Welsartigen ist nur durch eine einheimische Gattung mit einer einzigen Art vertreten.

69. (F) Wels, *Silurus glanis* L.

Der Wels, Waller oder Scheiden hat einen breiten, niedergedrückten, vorne breit abgerundeten, flach gewölbten Kopf. Die Oberlippe ist fleischig und überdeckt die Zähne. Auf dem Oberkiefer stehen zwei lange Barteln, die bis zu den Brustflossen nach hinten reichen; außer diesen finden sich noch vier kurze Barteln am Oberkiefer, der den Unterkiefer an Länge etwas übertrifft. Die Augen sind sehr klein und tief in die Haut eingebettet. Die kleine Rückenflosse steht über den Brustflossen, die einen stark entwickelten ersten Knochenstrahl haben. Die sehr lange Afterflosse reicht vom After bis zur Schwanzflosse, ohne in diese überzugehen. Eine Fettflosse ist nicht vorhanden, die Haut nackt und schleimig, der Rücken fast blauschwarz, der Bauch rötlich oder gelblichweiß, blauschwarz marmoriert. Die Flanken sind grünlichschwarz, gegen den Bauch heller, mit olivgrünen Flecken. Der Wels zählt zu den größten Süßwasserfischen Europas. Er erreicht nicht selten ein Gewicht von 300 kg und eine Länge von beinahe 5 m. Seine Laichzeit fällt in den Juni und Juli. Das Fleisch ist sehr fett. Er kommt im mittleren und östlichen Europa auf dem Grunde von fließenden und stehenden Gewässern vor.

Anmerkung. In neuerer Zeit wurde eine amerikanische Welsart in Europa eingeführt, der (F) Zwergwels, Amiurus nebulosus Lesueur, der sich von unserem Wels sehr leicht durch die viel geringere Größe und den Besitz von acht Mundbarteln, je vier auf der Ober- und Unterlippe, und einer Fettflosse unterscheidet. Auch seine Haut ist schuppenlos; die Afterflosse reicht nicht bis zur Schwanzflosse nach hinten. Sein Fleisch wird geschätzt.

c) Unterordnung der Kahlbäuche, Apodes

Diese Unterordnung umfaßt eine Gruppe von Fischen, die in bezug auf äußere Körperform große Übereinstimmung aufweisen. Alle besitzen einen schlangenähnlichen, biegsamen, meist mehr oder weniger drehrunden und nur am Schwanze seitlich stärker zusammengepreßten Körper, der sich auch in schlangenartigen Windungen bewegt. Die Haut ist dick und schleimig; die eventuell vorhandenen Schuppen sind sehr klein und kaum sichtbar. Die dicke Körperhaut überzieht auch die Flossen. Die Rippen erscheinen dünn und kurz, die Kiefer haben Zähne. Der Darm besitzt keine Pförtneranhänge (Blinddärme). Der After ist weit entfernt vom Vorderende des Körpers. Die hieher gehörigen Arten sind gefräßige Raubfische, von denen manche mit ihrem scharfen Gebiß gefährliche, schmerzhafte und schwer heilende Wunden hervorrufen können. Die Lebensgeschichte vieler von ihnen, auch des für die Fischerei so wichtigen Flußaales, ist trotz eifriger Studien noch keineswegs völlig aufgeklärt. Doch weiß man, daß alle eine Verwandlung durchmachen und als junge Tiere eine sehr dünne, bandförmige Gestalt haben, die sogenannte „Leptocephalusform“.

Kiemenöffnung weit. Brustflossen vorhanden. Rückenflosse mit der Schwanzflosse verbunden, Schwanzende nicht von der Flosse frei, sondern von derselben umgeben.

    α) Kleine Schuppen vorhanden. Rückenflosse in beträchtlicher Entfernung hinter dem Hinterhaupt und der Brustflosse beginnend.... Gattung der Flußaale, Anguilla, S. 80.

    β) Keine Schuppen vorhanden. Rückenflosse schon hinter dem Ende der Brustflosse beginnend, die Mundspalte kann bis hinter die Augenmitte reichen.... Gattung der Seeaale, Leptocephalus, S. 81.

1) Gattung der Flußaale, Anguilla

Diese Gattung wird in unseren Gebieten nur durch eine einzige, aber höchst bedeutsame Art vertreten.

70. (*) *Gemeiner Flußaal, Anguilla anguilla (L.).*

Der gemeine Flußaal besitzt einen nahezu drehrunden, nur im hinteren Teile seitlich zusammengedrückten Körper und einen langen Kopf mit verhältnismäßig breiter Stirne. Die Maßverhältnisse des Kopfes, die Färbung usw. unterliegen außerordentlich starken Schwankungen, so daß man früher einzelne Formen, z. B. den lang- und kurzschnauzigen Aal, für verschiedene Arten ansah. Die Augen sind bei dem im Süßwasser lebenden Tiere klein und von der allgemeinen Körperhaut überdeckt, die Lippen dick und fleischig. Der Unterkiefer steht etwas vor. Die Rückenflosse beginnt ungefähr in einer Entfernung von $1^1/_2$ Kopflängen hinter der Kiemenspalte; sie hat vorne die kürzesten Strahlen und wird in ihrem hinteren Teile höher. Die Schuppen sind sehr klein und so in der dicken Haut eingebettet, daß sie nicht aneinanderstoßen. Der Rücken ist dunkelgrün, der Kopf und die Schläfen noch dunkler, manchmal bräunlich, die Bauchseite bei den noch nicht geschlechtsreifen Tieren gelblich („Gelbaal"), die Rückenflosse, Schwanzflosse, Afterflosse und die Brustflossen sind ebenfalls braungrün. Der männliche Aal bleibt stets beträchtlich kleiner als der weibliche. Beim geschlechtsreifen, in das Meer hinabwandernden Aal verwandelt sich die gelbe Färbung des Bauches in Silberweiß („Silberaal"). Die jungen, im Süßwasser gefangenen Aale erreichen eine Länge bis zu $1^1/_2$ m und ein Gewicht von mehreren Kilogramm. Als noch nicht geschlechtsreifes Tier lebt der Aal im Süßwasser mit Schlammgrund, in den er sich gerne einbohrt und wo er nach Nahrung sucht. Kurz vor Eintritt der Geschlechtsreife wandert er in stürmischen, regnerischen Nächten ins Meer, wo er an der Ostküste Mittelamerikas in einer Tiefe von 1000 m laicht. Die jungen Aale („Glasaale", „Montées") ziehen, nach einer nahezu zweijährigen, im Meer verbrachten Larvenzeit, im Februar und März wieder in großen Scharen in die Flüsse. Die auf den Markt gebrachten Aale sind also ausnahmslos noch junge Tiere. Der erwachsene Aal, der wahrscheinlich nach der Laichzeit zugrunde geht, unterscheidet sich von ihnen auffallend durch ein viel größeres Auge, dessen Länge etwa ein Drittel der des Kopfes beträgt. Der Aal kommt in ganz Europa, Nordasien und Nordafrika vor. Das Fleisch des Flußaales ist zwar schwerverdaulich, aber sehr geschätzt. Es wird geräuchert und mariniert als Delikatesse in den Handel gebracht.

2) **Gattung der Seeaale, Leptocephalus (= Conger)**
Hierher gehört:

71. (M) Gemeiner Meeraal, Leptocephalus conger (L.).

Diese Art, auch Conger genannt, unterscheidet sich vom Flußaal sofort durch die schon über den Brustflossen beginnende Rückenflosse. Sie hat eine stumpfe Schnauze, eine mäßig große Mundspalte und röhrenförmige Nasenlöcher. Auf dem Rücken und den Seiten ist der Meeraal dunkelbraun bis braungrün, auf dem Bauche weißlich gefärbt. Die Seitenlinie zeigt eine weiße Punktierung, die Rücken-, After- und Schwanzflosse eine schwarze Säumung. Der Körper hat keine Schuppen. Er erreicht eine Länge von über 2 m und Armdicke, wird also viel länger und stärker als der Flußaal. Sein Fleisch wird sehr geschätzt. Er kommt vornehmlich in den Monaten Dezember bis März auf den Markt.

d) Unterordnung der Hechtartigen, Haplomi

Die Hechtartigen sind in unserem Gebiete, insoweit die für Genußzwecke geeigneten Fische in Betracht kommen, nur durch eine, jedoch sehr wichtige Gattung mit nur einer Art vertreten.

72. (F) Gemeiner Hecht, Esox lucius L.

Der gemeine Hecht hat eine niedrige, gestreckte Gestalt und einen inbesondere im Schnauzenteile niedergedrückten, verhältnismäßig sehr langen Kopf mit großer, breiter Mundspalte. Der Unterkiefer steht vor, der Oberkiefer reicht bis zur halben Kopflänge nach hinten. Die Augen befinden sich etwa in der Mitte der Kopflänge, und zwar sehr hoch oben am Kopf, so daß ihre gegenseitige Entfernung nicht größer ist als ein Augendurchmesser. Der dicke Rumpf hat einen nahezu vierkantigen Querschnitt. Die Zähne sind mit ihrer Spitze nach hinten gebogen. Die Rückenflosse steht sehr weit hinten, der ungefähr gleich langen Afterflosse gegenüber. Das Rückenprofil erscheint vom Hinterhaupte bis zur Rückenflosse nahezu geradlinig, erst dann nimmt die Körperhöhe rasch ab. Der obere Teil des Kopfes und die Schnauze tragen zum Unterschiede von den Wangen, Kiemendeckeln und dem Körper keine Schuppen. Der Rücken ist schwärzlich, der Bauch weiß und schwarz punktiert. Die Seiten sind hechtgrau, mit gelben Flecken oder Querstreifen von unregelmäßiger Form und Größe. Der Kopf ähnelt in der Marmorierung dem Rumpf. Zur Laichzeit wird die graue Farbe der Seiten grün, die blaßgelben Flecken werden goldgelb. Die Flossen sind schwarz gefleckt. An Farbenabarten des Hechtes kennt man den hellgelben und schwärzlich großgefleckten oder gebänderten Hecht: „Bunthecht", „Scheckhecht" oder „Hechtkönig" und den mehr olivengrünen „Grashecht". Der Hecht wird bis zu 2 m lang und erreicht ein Gewicht von 20 bis 26 kg. Er kommt im größten Teile Europas in fließendem und stehendem Süßwasser, aber auch in Sümpfen vor und ist als einer der gefräßigsten Raubfische bekannt. Seine Laichzeit fällt in die Monate März, April und Mai. Das Fleisch wird sehr geschätzt.

e) Unterordnung der Barschhechte, Percesoces

Die Unterordnung der Barschhechte umfaßt eine Reihe von Familien, die im äußeren Körperbau sehr wesentliche, größtenteils auf die Lebensweise und den Aufenthaltsort zurückzuführende Verschiedenheiten zeigen. Im inneren Bau, besonders in dem des Skelettes, haben sie jedoch manche wichtige Merkmale gemeinsam. So sind z. B. eventuell vorhandene Bauchflossen stets bauchständig oder, wenn auch mehr nach vorn gerückt, doch zum mindesten durch ihre Basisknochen nicht starr mit dem Schultergürtel verbunden. Die hier angeführte Familie umfaßt bloß Meeres- und Brackwasserfische.

Familie der Meeräschen, Mugilidae

Die Arten der hieher gehörigen Gattung der echten Meeräschen, Mugil, besitzen einen gestreckten, nahezu zylindrischen Körper mit großen Schuppen. Der mittelgroße Kopf hat eine breite, nur schwach gewölbte, ebenfalls mit großen Schuppen bedeckte Stirn. Die Schnauze ist sehr kurz, der Mund vorstreckbar und mehr oder weniger quer gestellt. Der Unterkiefer überragt etwas den Oberkiefer, der in eine Vertiefung des ersteren hineinpaßt. Die beiden Rückenflossen sind kurz und weit voneinander getrennt, die zweite steht der Afterflosse gegenüber. Die Schwanzflosse ist sanft rundlich ausgeschnitten. Die einzelnen Arten sehen einander sehr ähnlich und lassen sich oft nur schwer voneinander unterscheiden. Die allgemeine Körperfärbung aller hier in Betracht kommenden Arten ist dunkelbraun oder braungrau, mit metallisch goldenem oder dunkelblauem Schimmer auf dem Rücken, die Seiten sind lichter und haben wie der Bauch Silberglanz. Da die Speiseröhre dieser Fische sehr eng ist, so können sie nur von ganz winziger fester oder von flüssiger Nahrung, also von Schlamm mit verwesten Pflanzenteilen oder mit ganz kleinen Tierchen, leben. Sie steigen manchmal beträchtliche Strecken in das Süßwasser empor, leben aber sonst im Meer oder Brackwasser. Als Tafelfische werden sie alle sehr geschätzt. Aus dem Rogen der größeren Arten wird eine Art Kaviar, „Bottarga" genannt, bereitet.

A. In der zweiten Rückenflosse nur Strahlen (in der Zahl von 9), keine Stacheln.... (*) Goldmeeräsche, Mugil auratus Risso, S. 84.

B. In der zweiten Rückenflosse außer Strahlen auch ein Stachel.

  I. In der Afterflosse nebst 3 Stacheln 8 bis 9 Strahlen.

    a) Augen vorne und hinten mit starken, augenlidgleichen Fettdecken, die es stark bedecken.... (*) Gemeine Meeräsche, Mugil cephalus Cuv., S. 84.

    b) Auge ohne augenlidartige Bedeckung.

      1. Auf dem Kiemendeckel keine drei goldenen Flecke, auf der Basis der Brustflosse in der Regel ein schwarzer Fleck; die erste Rückenflosse beginnt über oder unmittelbar hinter dem Ende der Brustflossenbasis.... (*) Großköpfige Meeräsche, Mugil capito Cuv., S. 84

      2. Auf dem Kiemendeckel drei goldene Flecke, auf der Basis der Brustflossen kein schwarzer Fleck; die erste Rückenflosse beginnt erst in beträchtlicher Entfernung hinter dem Basisende der Brustflossen.... (*) Springmeeräsche, Mugil saliens Risso, S. 84.

      3. Auf dem Kiemendeckel keine drei goldenen Flecke, auf der Basis der Brustflossen kein schwarzer Fleck. Die erste Rückenflosse beginnt über dem Ende der Brustflossenbasis; Oberlippe verdickt.... (*) Großlippige Meeräsche, Mugil chelo Cuv., S. 84.

  II. Die Afterflosse enthält nebst drei Stacheln 11 Strahlen.... (*) Dicklippige Meeräsche, Mugil labeo Cuv., S. 84.

73. (*) Gemeine Meeräsche, Mugil cephalus Cuv.

Die gemeine Meeräsche hat eine nur sehr schwach gewölbte Stirn. Die Oberlippe ist nicht verdickt, der Oberkiefer bei geschlossenem Mund nicht sichtbar, das ziemlich große Auge durch je eine am vorderen und hinteren Rande befindliche Fettmembran halb verdeckt. Die Basis der Brustflosse steht über der Körpermitte. An den Seiten sind 9 bis 10 dunklere Längsstreifen vorhanden. Die Kiemendeckel glänzen goldig und silbern. Die gemeine Meeräsche erreicht die bedeutendste Länge von allen Fischen dieser Gattung; sie wird bis zu $^1/_2$ m und darüber lang. In der Adria ist sie sehr häufig.

74. (*) Goldmeeräsche, Mugil auratus Risso.

Die Goldmeeräsche ist von der vorigen Art außer durch das bereits angeführte Merkmal durch die rudimentäre, das Auge nur sehr wenig bedeckende Fettdecke und dadurch zu unterscheiden, daß sie auf dem Kiemendeckel meist einen goldglänzenden Fleck besitzt, nach dem die Art auch den Namen hat. Sie wird im Mittel etwa 30 cm lang und kommt am häufigsten im Winter auf den Markt.

75. (*) Großköpfige Meeräsche, Mugil capito Cuv.

Diese Art hat einen langgestreckteren Kopf als die übrigen. Ferner ist der Oberkiefer auch bei geschlossenem Munde sichtbar. An den Seiten finden sich braune Längsstreifen. Im übrigen stimmt sie mit Nr. 74 überein. Die großköpfige Meeräsche wird etwa 40 cm lang.

76. (*) Springmeeräsche, Mugil saliens Risso.

Die Springmeeräsche unterscheidet sich von Nr. 74 und 75 durch eine, allerdings nur wenig verdickte Oberlippe. Der Oberkiefer ist bei geschlossenem Munde zur Hälfte sichtbar. Sie erreicht ebenfalls eine Länge von etwa 30 bis 40 cm und wird besonders gegen das Frühjahr zu, namentlich im Februar, häufig gefangen.

77. (*) Großlippige Meeräsche, Mugil chelo Cuv.

Die großlippige Meeräsche hat eine stark verdickte Oberlippe mit drei Reihen kurzer, breiter Papillen an ihrer inneren Hälfte. Bei geschlossenem Munde ist nur das Ende des Oberkiefers sichtbar.

78. (*) Dicklippige Meeräsche, Mugil labeo Cuv.

Diese Art besitzt eine dicke Oberlippe, die jedoch nicht drei Reihen von Papillen aufweist, wie bei Nr. 77. Auch entbehrt das Auge einer Fettdecke.

Sowohl Nr. 77 als Nr. 78 tragen an den Seiten des Körpers dunkle, metallisch schimmernde Längsstreifen und werden etwa 40 cm lang.

f) Unterordnung der Stachellosen, Anacanthini

Zur Unterordnung der Stachellosen gehört die Familie der Schellfischartigen, Gadidae, eine der wirtschaftlich wichtigsten Fischfamilien. Viele hieher gehörige Arten sind ebenso billige als kräftige Volksnährmittel und bilden darum schon seit langem den Gegenstand eines ausgedehnten Fanges und Handels. Der Körper der Schellfischartigen ist entweder spindelförmig oder walzenförmig, oft stark, fast aalartig, verlängert und mit kleinen, leicht abfallenden, dünnen Schuppen bedeckt, der Kopf groß oder klein und das Auge gewöhnlich groß. Am Kinn steht oft ein Bartel. Das Gebiß erscheint meist gut entwickelt, weil die betreffenden Arten alle sehr gefräßige Raubfische sind. Sie leben in der Regel im tieferen Wasser im Meere; nur eine der für uns in Betracht kommenden Arten bewohnt das Süßwasser.

A. 3 Rücken-, 2 Afterflossen .... Gattung der eigentlichen Schellfische, Gadus, S. 85.

B. 2 Rücken-, 1 Afterflosse.
   I. Kein Bartel .... Gattung der Seehechte, Merlucius, S. 89.
  II. Ein Bartel am Kinn. Bauchflossen nicht besonders verlängert, sehr weit vor dem Beginn der Afterflosse endigend.
     1. Rückenflosse über der Brustflosse beginnend .... Gattung der Lenge, Molua, S. 89.
     2. Die erste Rückenflosse erst in einiger Entfernung hinter dem Ende der Brustflossen beginnend .... Gattung der Aalruten, Lota, S. 90.

1) Gattung der eigentlichen Schellfische, Gadus

Die eigentlichen Schellfische besitzen einen meist gestreckten, schlanken Körper, der stets höher als breit ist, und einen großen Kopf mit mehr oder weniger spitzer Schnauze, großen Augen und einem ziemlich weiten Mund. Die Schwanzflosse ist entweder abgerundet, gerade abgestumpft oder sanft eingeschnitten. Die Zähne bilden im Oberkiefer ein schmales Band. Die wichtigsten der hieher gehörigen Arten leben nicht im Mittelmeer, werden jedoch in großen Mengen frisch und konserviert (getrocknet, geräuchert usw.) eingeführt.

A. Oberkiefer über den Unterkiefer vorragend.
   I. Ein schwarzer Fleck an der Brustflossenbasis.
     a) Brustflosse nicht bis unter die zweite Rückenflosse reichend, sondern unter der Basis der ersten endigend, Körper schlank, nicht sehr hoch, Körperhöhe kleiner als die Kopflänge.
       1. Bartel meist ganz fehlend oder nur rudimentär vorhanden, Farbe graubraun, im Leben grünlich, auf dem Rücken mit zwei gelben, wellenförmigen Seitenstreifen und gelben Längsstreifen auf den Rücken- und Afterflossen.... (M) Wittling, Gadus merlangus L., S. 87.
       2. Barteln stets vorhanden, kurz; Schwanzflosse mäßig ausgeschnitten, Farbe auf dem Rücken gelblichweiß, auf den

Seiten und dem Bauch silbern; alle Rücken- und die hintere Afterflosse mit bläulichen Längsstreifen.... (M) Mittelmeerdorsch, Gadus euxinus Nordm.

b) Brustflossen bis unter die zweite Rückenflosse reichend, Körper hoch, Körperhöhe größer als die Kopflänge.... (M) Kurzschnauziger Dorsch, Gadus luscus L., S. 87.

II. Kein schwarzer Fleck an der Basis der Brustflossen.

a) Ein schwarzer Fleck unter der ersten Rückenflosse, unmittelbar unter der Seitenlinie, Rücken violett oder bräunlichviolett.... (M) Schellfisch, Gadus aeglefinus L., S. 87.

b) Kein schwarzer Fleck unter der ersten Rückenflosse unmittelbar unter der Seitenlinie.

1. Brustflosse unter der zweiten Hälfte der ersten Rückenflossenbasis endigend.... (M) Dorsch oder Kabeljau, Gadus callarias L., S. 86.

2. Brustflossen bis unter die erste Hälfte der zweiten Rückenflosse reichend.... (M) Zwergdorsch, Gadus minutus L., S. 88.

B. Unterlippe über den Oberkiefer vorragend.

1. Rücken und Flanken dunkelgrün, ein weißes, sanft gebogenes Längsband auf jeder Körperseite bis zum Schwanze ziehend, kein Fleck an der Brustflossenachsel.... (M) Köhler, Gadus virens L., S. 88.

2. Rücken und Flanken blaugrau, in der Achsel der Brustflosse ein schwarzer Fleck.... (M) Schwarzmäuliger Dorsch, Gadus poutassou Risso, S. 88.

79. (M) Kabeljau, Gadus callarias L.

Der Kabeljau oder Dorsch hat eine spitze Schnauze mit weit vorstehendem Oberkiefer und gut ausgebildetem Bartel, das ebenso lang oder länger als der Augendurchmesser ist. Der After liegt unterhalb der ersten Strahlen der zweiten Rückenflosse; sämtliche vertikalen Flossen, auch die Schwanzflosse, sind abgerundet. Die Färbung des Dorsches ist sehr verschieden und kann auf dem Rücken und den Seiten olivenfarben oder grünlichgrau sein, bedeckt mit zahlreichen graubraunen bis dunkelbraunen oder rotbraunen Punkten, die unter der Seitenlinie etwas lichtere Färbung haben („Graudorsch") oder rotbraun, mit goldig schimmernden gelben Flecken und ganz rotbraunen Flossen („Rotdorsch"). Die Graudorsche kommen hauptsächlich im freien Meere, die Rotdorsche in den Küstengewässern vor. Der Bauch ist stets weiß und ungefleckt. Der Dorsch erreicht eine Länge von $1^1/_2$ m und darüber, wird jedoch im Durchschnitte nur ungefähr $^2/_3$ bis 1 m lang und über 10 kg schwer. Er lebt im nördlichen Teil des Atlantischen Ozeans und in den angrenzenden Gebieten des Eismeeres und laicht im Osten ungefähr im Jänner und Februar, im Westen im Mai und Juni. So zahlreich wie seine Verwendungsart sind auch seine Namen. Der frische junge Fisch heißt „Dorsch", der frische alte wird „Kabeljau" genannt, der an

Stangen getrocknete „Stockfisch", der eingesalzene, auf den Felsen getrocknete „Klippfisch", der in Fässern eingesalzene „Laberdan". Er ist wohl die weitverbreitetste und billigste aller Fastenspeisen.

In letzter Zeit wird für Kabeljau im Handel häufig die unrichtige Bezeichnung „Seeschill" verwendet.

80. (M) Schellfisch, Gadus aeglefinus L.

Der Schellfisch hat eine ziemlich spitze Schnauze mit weit vorragendem Oberkiefer; am Kinn steht ein kurzes Bartel. Der After liegt senkrecht unter dem Beginn der zweiten Rückenflosse, die Schwanzflosse zeigt einen sanften Einschnitt. Die Seitenlinie des Schellfisches · ist schwarz, die Körperseite silbergrau, der Bauch milchweiß, der Rücken violett oder bräunlich gefärbt, letzterer mit starkem, violettem Schimmer. Die kleinen Schuppen sind infolge des starken Schleimüberzuges der Haut beim lebenden Tier nahezu unsichtbar. Der Schellfisch bewohnt die europäischen und amerikanischen Küsten des nördlichen Atlantischen Ozeans; an den ersteren geht er südlich bis nach Frankreich. Er erreicht eine Durchschnittslänge von $^1/_2$ bis $^2/_3$ m und ein Gewicht bis zu 8 kg. Während der Laichzeit im Februar und März nähert er sich dem Lande; dies ist auch die hauptsächlichste Fangzeit.

81. (M) Wittling, Gadus merlangus L.

Der Wittling oder Weißling hat einen ziemlich gestreckten Körper und eine spitze, lange Schnauze ohne Bartel an der Unterlippe; nur bei jungen Tieren findet sich manchmal ein ganz kleines Rudiment hievon. Der After liegt vertikal unter der Mitte der ersten Rückenflosse, die erste Afterflosse ist sehr lang und wie alle übrigen vertikalen Flossen, einschließlich der Schwanzflosse, abgerundet. Der Körper hat eine blaß-rötlichbraune oder graubraune, der Bauch eine weiße Färbung. Der Wittling lebt im nördlichen Teil des Atlantischen Ozeans längs der ganzen Küste von Europa, vom Nordkap bis nach Spanien und im angrenzenden Gebiete des Eismeeres (im Weißen Meer). Er erreicht eine Länge von 30 bis 40 cm und ein Gewicht von 2 bis $2^1/_2$ kg. Sein Fleisch wird höher geschätzt als das von allen anderen zu dieser Gattung gehörigen Fischen. Er laicht im Jänner und Februar.

82. (M) Kurzschnauziger Dorsch, Gadus luscus L.

Der kurzschnauzige Dorsch, Blins oder Steinbolk besitzt den am höchsten gebauten Körper der hier in Betracht kommenden Arten, mit kurzer Schnauze und einem langen Bartel auf dem Kinn. Der After liegt unterhalb der Strahlen der ersten, säbelförmigen Rückenflosse. Die übrigen Rücken- und Afterflossen sind abgerundet, die Bauchflossen fadenförmig verlängert; die Schwanzflosse ist sanft eingeschnitten oder abgestumpft, die obere Körperhälfte rötlichbraun mit

goldigem Schimmer, die untere licht mit graublauem Schein, die Seitenlinie goldgelb. Der ganze Körper mit Ausnahme des Bauches erscheint
von schwarzbraunen Flecken bedeckt. Die Flossen sind blauschwarz
und an ihren Rändern am dunkelsten. Manchmal lassen sich dunkle,
über den Körper laufende Querbinden erkennen. Er erreicht eine
Länge von etwa 20 cm und ein Gewicht von $^1/_4$ kg. Sein Verbreitungsgebiet ist der nördliche Atlantische Ozean bis zur norwegischen Küste
und das Mittelmeer. Er laicht im April und Mai und wird wegen seines
zarten Fleisches geschätzt.

83. (M) Zwergdorsch, Gadus minutus L.

Der Zwergdorsch hat einen ziemlich gedrungenen Körper mit
kurzer Schnauze und langem Bartel. Der After liegt unterhalb der
letzten Strahlen der ersten geradkantigen Rückenflosse, während alle
übrigen vertikalen Flossen, meist auch die Schwanzflosse, abgerundet
sind; seltener ist die letztere gerade abgestumpft. Der obere Teil des
Körpers ist gelblichbraun gefärbt, wird aber gegen den grauweißen
Bauch zu lichter. Der Zwergdorsch kommt im Atlantischen Ozean bis
hinauf an die norwegische Küste und im Mittelmeere vor. Auch er
wird wegen seines zarten Fleisches geschätzt.

84. (M) Köhler, Gadus virens L.

Der Köhler, handelsüblich „Seelachs" genannt, hat einen ziemlich
gedrungenen Körper und eine mäßig lange Schnauze mit stark vorstehendem Unterkiefer. Das Kinnbartel ist entweder ganz klein oder
fehlt überhaupt. Der After liegt unter der zweiten Hälfte der ersten
Rückenflosse; die Schwanzflosse erscheint sanft ausgeschnitten. Die
kleinen Bauchflossen haben keine fadenförmig verlängerten ersten
Strahlen. Der vordere Teil des Kopfes, die Schnauze und die Lippen
sind schwarz. Er lebt in großen Scharen im nördlichen Atlantischen
Ozean, sowohl an den Küsten von Europa wie auch von Amerika und
im nördlichen Eismeer bis nach Grönland und Spitzbergen hinauf,
und erreicht eine Länge von über 1 m. Das Fleisch des Köhlers
schmeckt weniger gut als das der anderen Schellfischarten, doch
bildet es wegen seiner großen Häufigkeit und der damit zusammen-
hängenden Wohlfeilheit ein wichtiges, weitverbreitetes Volksnährmittel,
das auch bei uns Eingang gefunden hat.

85. (M) Schwarzmäuliger Dorsch, Gadus poutassou Risso.

Der schwarzmäulige Dorsch besitzt einen niedrigen, langgestreckten
Körper mit langer Schnauze, ohne Bartel, mit mäßig vorstehendem Unterkiefer. Der After liegt vertikal vor dem Beginne der ersten Rückenflosse.
Die einzelnen Rückenflossen sind durch weite Zwischenräume voneinander
getrennt. Die erste Afterflosse ist sehr langgestreckt, niedrig, die Schwanz-

flosse sanft ausgeschnitten. Diese Art erreicht keine bedeutende Länge (nur bis etwa 20 cm), lebt an den Küsten ganz Europas, besonders im Mittelmeer, kommt jedoch nirgends häufig vor und spielt deshalb auch als Nahrungsmittel keine hervorragende Rolle.

2) Gattung der Seehechte, Merlucius

86. (M) Gemeiner Seehecht, Merlucius merluccius L.

Der gemeine Seehecht hat einen muskulösen, ziemlich langgestreckten Körper und einen großen, niedergedrückten Kopf mit weit vorstehendem Unterkiefer. Die Zähne sind ziemlich groß und stehen in zwei undeutlichen Reihen. Der hintere Teil der zweiten Rücken- und Afterflosse ist rundlich erhöht. Diese beiden Flossen nehmen über die Hälfte der Körperlänge ein. Die Schwanzflosse erscheint gerade abgestumpft oder undeutlich eingeschnitten, der Körper mit mäßig großen, silberglänzenden, leicht abfallenden Schuppen bedeckt, die Färbung des Rückens grau, gegen die Seiten zu heller, der Bauch silberweiß. Im Leben zeigt der Rücken einen starken metallischen, oft violettrötlichen Schimmer. Die Rücken- und Afterflossen sind schwarz gerändert. Der Seehecht erreicht eine Länge von 80 cm und weit darüber und ein Gewicht bis zu 16 kg. Er lebt im Atlantischen Ozean von der Küste von Marokko bis nach Norwegen und im ganzen Mittelmeer. Er laicht vom Jänner bis April. Im Mittelmeergebiet wird er am häufigsten in der kälteren Jahreszeit, von Oktober bis März gefangen. Sein Fleisch ist geschätzt und kommt auch wie das des Stockfisches als Trockenkonserve in den Handel.

3) Gattung der Lenge, Molua

Die beiden hieher gehörigen Arten sind sehr langgestreckte, nahezu aalartige Fische, mit niedrigem, rundlichem Körper und langem, niedrigem Kopfe, ziemlich großen Augen und, mit Ausnahme der zugespitzten Bauchflossen, abgerundeten Flossen. Der Körper ist mit sehr kleinen Schuppen bedeckt. Sie leben in großer Tiefe und gehören dem nördlichen Atlantischen Ozean (Island, Norwegen, Nord- und Ostsee) an. Ihr Fleisch wird sehr geschätzt.

1. Oberkiefer über den Unterkiefer vorragend, Schwanzstiel dick und hoch, ein schwarzer Fleck auf dem Hinterende der ersten und zweiten Rückenflosse.... (M) Gemeiner Leng, Molua molva L., S. 89.
2. Unterkiefer über den Oberkiefer vorragend, Schwanzstiel dünn und niedrig, Flossen einfärbig, licht, nur die zweite Rückenflosse hinten schwärzlich gefärbt.... (M) Tiefseeleng, Molua byrkelange (Walb.), S. 90.

87. (M) Gemeiner Leng, Molua molva L.

Der gemeine Leng ist die weitaus häufigere Lengart. In der braunen Grundfarbe seines Körpers finden sich oft unregelmäßige, lichtere

Flecken und Bänder. Der Randteil der Brustflosse erscheint gelblich gefärbt, die sonst weißliche Rückenflosse mit gelben Längsstreifen geziert. Er erreicht eine Länge von über $1^1/_2$ m.

88. (M) Tiefseeleng, Molua byrkelange (Walb.).

Der Tiefseeleng oder Byrkelange wird viel seltener gefangen, weil er in großer Tiefe lebt. Seine Färbung ist mehr einförmig, die Brustflossen sind schwärzlich gerändert, die erste Rückenflosse und der hintere Teil der zweiten im Verhältnis höher als bei Nr. 87. Er wird über 1 m bis nahezu $1^1/_2$ m lang.

4) Gattung der Aalrutten, Lota

89. (F) Aalrutte, Lota lota L.

Die Aalrutte ähnelt in der allgemeinen Körpergestalt den Arten der vorhergehenden Gattung. Der Kopf ist abgeflacht, der Schwanzteil des Körpers zusammengedrückt, das Auge klein, der Unterkiefer ein wenig kürzer als der Oberkiefer. Die Schuppen sind klein und zart, alle Flossen mit Ausnahme der Bauchflossen abgerundet, der Rücken, die Seiten und die Flossen heller oder dunkler olivengrün, mit schwarzbraunen, undeutlichen Flecken marmoriert, die Unterseite des Körpers und die Bauchflossen weißlich gefärbt. Die Aalrutte erreicht eine Länge von $^2/_3$ m und ein Gewicht von durchschnittlich 2, manchmal sogar 4 kg. Sie lebt in den Süßwässern Mittel-, Nord- und Osteuropas, Nordasiens und Amerikas, laicht im Dezember und Jänner und ist ein nächtlicher Raubfisch, der unter dem Fischlaich oft große Verheerungen anrichtet. Ihr Fleisch schmeckt gut.

g) Unterordnung der Stachelflosser, Acanthopterygii

Die gemeinsamen Merkmale der Stachelflosser betreffen vor allem das Skelett. Die Bauchflossen sind kehl- oder brustständig, d. h. sie liegen vor oder unter den Brustflossen, der die Brustflossen stützende Knochengürtel ist am Schädel befestigt, die Kiemendeckel sind gut entwickelt. Keiner der dieser Unterordnung angehörenden Fische besitzt eine Spiralklappe im Darm, alle haben gekreuzte Sehnerven und in der Regel breite Kiemenöffnungen; die Schwimmblase hat gewöhnlich keinen offenen Ausführungsgang.

A. Nur eine Rückenflosse vorhanden. Kein Bartel vorhanden.
  a) Körper flach, beide Augen auf einer Seite.... Familie der Plattfische, Pleuronectidae, S. 109.
  b) Kopfknochen mit starken Höckern und Stacheln versehen, über den Augen eine starke, stachelige Knochenleiste, hinter diesen eine quere Vertiefung.... Familie der Drachenkopfartigen, Scorpaenidae, S. 115.
  c) Körper weder bandförmig noch flach, Augen nicht auf einer Körperseite, sondern symmetrisch, Kopfknochen nicht mit Knochenhöckern und Stacheln versehen.

1) Kein Kiel am Schwanzstiel, Oberkiefer normal, nicht schwertförmig verlängert.

   †) Der Kiemendeckel mit meist drei derben steifen Stacheln
   versehen, Kopf ganz oder fast ganz beschuppt, Schuppen
   rauh, am Rande gezähnelt, Kiemenvorderdeckel am
   Rande gezähnelt.... Familie der Sägebarsche, Serra-
   nidae, z. Teil, S. 92.

   ††) Kiemendeckel ohne Stacheln, Kiemenvorderdeckel ganzrandig.

   *) Schuppen fehlend oder mit freiem Auge kaum sichtbar,
   niemals silberglänzend, Schwanzflosse mehr oder weniger
   stark abgerundet.... Familie der Schleimfische, Blen-
   niidae, S. 118.

   **) Schuppen von mäßiger Größe oder groß, Kopf nackt oder
   nahezu ganz oder vollständig beschuppt, Körper nicht
   übermäßig hoch, seitlich nur mäßig zusammengedrückt,
   Afterflosse höchstens bis unter das letzte Drittel der
   Brustflosse nach vorne reichend oder hinter dem Ende
   derselben beginnend, Rücken- und Afterflosse wenigstens
   in ihrem größten oberen Teil frei von Schuppen.

   1. Brustflossen hinten spitz zulaufend, säbelförmig....
   Familie der Meerbrassen, Sparidae, S. 100.

   2. Brustflossen nicht säbelförmig, sondern hinten abgerundet, Afterflosse kurz.... Familie der Barsch-
   artigen, Percidae, z. Teil, S. 95.

2) Oberkiefer schwertförmig verlängert.... Familie der Schwertfische, Xiphiidae, S. 108.

B. Zwei getrennte Rückenflossen vorhanden.

I. Keine Bartel.

1) Körper ohne Schuppen .... Familie der Groppenartigen,
Cottidae, S. 116.

2) Körper beschuppt.

   a) An der Basis der Rücken- und Afterflosse je eine Reihe von
   mit Spitzen versehenen Knochenplatten, Körper seitlich
   stark zusammengedrückt.... Familie der Sonnenfische,
   Zeidae, S. 109.

   b) Vor der Brustflosse stehen drei einzelne, gebogene, finger-
   ähnliche, starke Stummeln, die Brustflosse sonst normal...
   Familie der Knurrhahnartigen, Triglidae, z. Teil, S. 116.

   c) Hinter den Rücken- und Afterflossen eine Anzahl von
   kleinen Flösselchen, sogenannte „falsche Flossen".... Familie der Makrelenartigen, Scombridae, S. 105.

   d) Der Schwanzstiel beiderseits gekielt.... Familie der
   Stöckerartigen, Carangidae, z. Teil, S. 104.

   e) An der Basis der Rücken- und Afterflossen keine Knochenplatten, Brustflossen normal, weder miteinander verwachsen, noch zu Flugapparaten umgewandelt, noch mit

einzelnen abgetrennten Strahlen versehen. Schwanzstiel nicht gekielt.

    †) In der Afterflosse nur Strahlen, keine Stacheln, Körper höher als breit.... Familie der Queisenartigen, Trachinidae, S. 117.

    ††) In der Afterflosse außer Strahlen auch, und zwar vor diesen, Stacheln vorhanden.

    *) Zweite Rückenflosse nahezu oder mehr als doppelt so lang als die erste.

      1. Afterflosse lang, viel länger als die erste Rückenflosse.... Familie der Stöckerartigen, Carangidae, z. Teil, S. 104.

      2. Afterflosse bedeutend kürzer als die erste Rückenflosse.... Familie der Umberfische, Sciaenidae, z. Teil, S. 94.

    **) Zweite Rückenflosse höchstens unbedeutend länger, meist gleich lang oder bedeutend kleiner als die erste.

      1. Oberkiefer über den Unterkiefer vorragend oder gleichlang mit diesem.... Familie der Barschartigen, Percidae, z. Teil, S. 95.

      2. Unterkiefer stark über den Oberkiefer vorragend... Familie der Sägebarsche, Serranidae, z. Teil, S. 92.

II. Barteln vorhanden.

  a) Ein Bartel.... Familie der Umberfische, Sciaenidae, z. Teil, S. 94.

  b) Zwei Barteln.

    1. Kiefer nicht verlängert, Barteln einfach.... Familie der Meerbarben, Mullidae, S. 103.

    2. Oberkiefer gabelförmig verlängert, Bartel verästelt.... Familie der Knurrhahnartigen, Triglidae, z. Teil, S. 116.

A. Familie der Sägebarsche, Serranidae

Der Körper aller hieher gehörigen Arten ist seitlich gepreßt, mäßig hoch, der große Kopf hat starke Knochen. Auch die Augen, die gewöhnlich hoch oben am Kopf stehen, sind groß. Die Kiefer tragen mehr oder weniger feine Zähne („Bürstenzähne"), daneben können auch größere, sogenannte „Hundszähne" („Fangzähne") vorkommen. Außerdem stehen Zähne im Innern des Mundes, auf dem Pflugscharbein und oft auf dem Gaumen. Sind zwei Flossen vorhanden, so besteht die erstere aus Stacheln, die zweite nebst einem Stachel aus Strahlen. Dieser aus Strahlen bestehende Teil der Rückenflosse ist in der Regel nicht länger als die Afterflosse. Den Körper und die Kiemendeckel bedecken rauhe Schuppen. Die hieher gehörigen Fische sind gute Schwimmer und durchgehends Raubtiere.

  A. Eine Rückenflosse.... Gattung der Ulkfische, Sebastes, S. 93.

  B. Zwei Rückenflossen.... Gattung der Wolfsbarsche, Morone, S. 93.

1) Gattung der Ulkfische, Sebastes

90. (M) Goldbarsch (Bergilt), Sebastes marinus L.

Dieser den nördlichen Atlantischen Ozean bewohnende Fisch wird bei uns unter dem Namen „Goldbarsch" oder „Rotbarsch" frisch und auch geräuchert verkauft. Er besitzt einen seitlich ziemlich stark zusammengedrückten, mäßig hohen, muskulösen, mit kleinen Schuppen bedeckten Körper, einen großen Kopf mit weiter, schiefgestellter Mundspalte und mit vorstehendem Unterkiefer. Auf jeder Seite der Stirne finden sich vor und über dem Auge 4 bis 5, auf dem runden Kiemenvorderdeckel fünf breite, kurze Stacheln. Der Kiemendeckel hat drei Stacheln, deren oberster der größte ist. Der stachelige Teil der Rückenflosse übertrifft den aus Strahlen bestehenden an Größe. Die Stacheln (14 bis 15 an der Zahl) sind so wie die der Afterflosse derb und steif. Die Schwanzflosse ist gerade abgestumpft, der ganze Fisch bis auf den etwas lichteren Bauch intensiv orangerot oder rot gefärbt und mit unregelmäßigen dunkelbraunen Flecken auf dem oberen Teil des Körpers besetzt. Bei jungen Tieren findet sich noch ein schwärzlicher Fleck auf dem oberen Teil des Kiemendeckels. Der Goldbarsch wird bis zu 1 m lang und lebt in großen Massen an den Küsten Norwegens, Islands, Grönlands und Spitzbergens. Sein Fleisch ist gut.

2) Gattung der Wolfsbarsche, Morone

91. (*) Wolfsbarsch, Morone labrax (L.), (ital. Branzino).

Der Wolfsbarsch oder Branzin ist der geschätzteste Meeresfisch der Adria. Er hat einen seitlich wenig zusammengedrückten, niedrigen, gestreckten, forellenähnlichen, mit mittelgroßen Schuppen bedeckten Körper mit einem dicken, hohen Schwanzstiel. Der mittelgroße Kopf hat einen weiten, bis etwa unter die Mitte des Auges reichenden Mund. Der Unterkiefer ragt vor; der Kiemenvorderdeckel ist mit feinen Zähnchen und unten mit 4 bis 6 nach vorne gerichteten Stachelchen versehen. Der Kiemendeckel trägt zwei Stacheln, wovon der untere größer ist. Die Wangenteile des Kopfes erscheinen ebenfalls mit Schuppen bedeckt, die jedoch kleiner sind als die des größten Teiles des Körpers. Der vierte Stachel der ersten Rückenflosse ist der längste $(\text{R VIII—X}/\frac{\text{I}}{12}, \text{A}\frac{\text{III}}{10-12})$. Die Schwanzflosse zeigt einen ziemlich starken Ausschnitt. Der Branzin ist silbergrau gefärbt, mit bläulichem, grauem oder olivenfarbigem Schimmer auf dem Rücken und mit weißem Glanz auf dem Bauch. Der Rücken wird bei jungen und halberwachsenen Tieren oft von schwarzen Punkten bedeckt. Ein schwärzlicher Fleck findet sich auf dem Hinterrande des Kiemendeckels. Der Wolfsbarsch kommt an allen Küsten Europas bis nach Finnland, dort aber im Norden nur seltener vor. Er steigt oft in die Flüsse auf, erreicht eine Länge von nahezu 1 m und ein Gewicht von

10 kg und wird in der Adria häufig gefangen, am häufigsten im Oktober und November, zu welcher Zeit die Jungen am besten sind. Die Alten sollen im April am schmackhaftesten sein.

B. Familie der Umberfische, Sciaenidae

Ein karpfen- oder barschähnlicher, seitlich zusammengedrückter, mäßig gestreckter Körper mit großen oder mittelgroßen Schuppen, mittelstarkem Kopf, mäßig großen Augen und weitem Mund, in dem sich kleine, bürstenförmige, in Bändern stehende Zähne befinden, kennzeichnet diese Familie. Es sind zwei getrennte Rückenflossen vorhanden, die jedoch unmittelbar aneinander anschließen. Die erste besteht nur aus Stacheln und ist kürzer als die zweite, die sich mit Ausnahme eines Stachels aus Strahlen zusammensetzt. Der Kiemenvorderdeckel ist wie bei den Barschen gezähnelt, der Kopf vollständig beschuppt; die Seitenlinie setzt sich oft auf die Schwanzflosse fort.

A. Kein Bartel vorhanden.
1. Körperfärbung auf dem Rücken dunkelgrau, auf dem Bauch weiß, Bauch- und Afterflossen intensiv schwarz mit weißem Rand, Schwanzflosse ausgeschnitten.... Gattung der Schattenfische, Corvina, S. 94.
2. Körperfärbung gold- bis kupferbronzefarben mit violettem Schimmer, Bauch- und Afterflosse weißlich, Schwanzflosse abgerundet.... Gattung der Adlerbarsche, Sciaena, S. 94.
B. Ein Bartel vorhanden.... Gattung der Bartumbern, Umbrina, S. 95.

1) Gattung der Schattenfische, Corvina

92. (M) Schwarzer Schattenfisch, Corvina umbra (L.).

Der schwarze Schattenfisch hat einen mit großen Schuppen bedeckten, ziemlich hohen Körper, seine Höhe entspricht etwa der Kopflänge, mit stark gewölbtem Rücken- und schwach gebogenem Bauchprofil. Die Schnauze ist vorne mäßig abgestumpft, der Unter- und Oberkiefer ungefähr von gleicher Länge, die Zähnelung des Kiemenvorderdeckels klein, die Schwanzflosse sanft ausgeschnitten, oft nahezu gerade abgestumpft, an den Ecken jedoch abgerundet; die Bauchflossen sind länger als die Brustflossen. Die Grundfärbung des Körpers zeigt starken Gold- oder Silberglanz. Er erreicht eine Länge von 40 cm und kommt im ganzen Mittelmeer ziemlich häufig vor. Sein Fleisch ist geschätzt.

2) Gattung der Adlerbarsche, Sciaena

Auch diese Gattung ist nur durch eine Art vertreten:

93. (M) Gemeiner Adlerbarsch, Sciaena aquila Risso.

Der gemeine Adlerbarsch besitzt einen ziemlich niedrigen, mit großen Schuppen bedeckten Körper, dessen Höhe die Kopflänge nicht erreicht. Die Schnauze ist vorne abgestumpft, der Unterkiefer bald dem Oberkiefer gleich, bald größer oder kleiner als dieser, die Schwanzflosse abgerundet. Die Zähnelung des Kiemenvorderdeckels verschwindet im Alter fast gänzlich. Auf dem Kiemendeckel findet sich ein undeutlicher schwarzer Fleck. Der gemeine Adlerbarsch wird über $1^1/_2$ m lang und mehr als 25 kg schwer. Er lebt im Mittelmeer und im Atlantischen Ozean, von der Küste Englands bis nach Südafrika, und im Indischen Ozean. Sein Fleisch ist schon von altersher hoch geschätzt.

3) Gattung der Bartumbern, Umbrina

94. (M) Bartumber, Umbrina cirrhosa (L.).

Die Bartumber hat einen mäßig hohen, mit ziemlich großen Schuppen bedeckten Körper, dessen Höhe der Kopflänge gleich und dessen Rückenprofil stark gebogen ist, während das Bauchprofil nahezu gerade verläuft. Die ziemlich lange Schnauze erscheint vorne abgestumpft; der Oberkiefer ragt über den Unterkiefer vor. Letzterer trägt ein kurzes, warzenförmiges, an der Spitze schwarz gefärbtes Bartel. Die Schwanzflosse ist leicht ausgeschnitten, der ganze Körper silberglänzend und mit zahlreichen, wellenförmigen Goldstreifen bedeckt, die vom Rücken schräg nach hinten hinab verlaufen und schwarzgesäumt sind. Der Rand des Kiemendeckels hat ebenfalls eine tief schwarze Färbung. Die Bartumber erreicht eine Länge von etwa $^2/_3$ m und ein Gewicht von 10 kg. Sie wird am häufigsten im Oktober gefangen und wegen ihres ausgezeichneten Fleisches sehr geschätzt.

C. Familie der Barschartigen, Percidae

Die hieher gehörigen Gattungen variieren in bezug auf den Körperbau sehr stark; neben hochgebauten, seitlich zusammengedrückten Formen finden wir solche mit niedrigem, breitem Körper; ebenso kommen gedrungene und gestreckte Tiere vor. Der Kopf ist wenigstens teilweise beschuppt. Alle Schuppen haben einen rauhen, gezähnelten Rand. Die Kiefer sind mit Zähnen versehen. Die Mundspalte ist weit und die Schwanzflosse mäßig tief gegabelt. Es gehören hierher einige sehr geschätzte Tafelfische.

A. Nur eine Rückenflosse.
  1. Der stachelige Teil der Rückenflosse ungefähr ebenso lang oder etwas kürzer als der zweite, aus Strahlen bestehende... Gattung der Schwarzbarsche, Micropterus (Familie der Centrarchidae), S. 99.
  2. Der stachelige Teil der Rückenflosse bedeutend länger als der aus Strahlen bestehende.... Gattung der Kaulbarsche, Acerina, S. 98.
B. Zwei getrennte Rückenflossen.
  I. Körper höher als breit.

1. Die erste Rückenflosse ungefähr gleich lang oder etwas kürzer als die zweite.... Gattung der Zander, Lucioperca, S. 96.
2. Die erste Rückenflosse deutlich länger als die zweite.... Gattung der eigentlichen Barsche, Perca, S. 96.
II. Körper breiter als hoch oder ebenso breit wie hoch.... Gattung der Streber, Aspro, S. 97.

1) Gattung der eigentlichen Barsche, Perca

95. (F) Flußbarsch, Perca fluviatilis L.

Der Flußbarsch hat einen ziemlich gedrungenen, seitlich zusammengedrückten, hohen Körper, einen großen Kopf, dessen Wangenteile mit Schuppen bedeckt sind, und ziemlich kleine Augen, die hoch gegen die Stirne gerückt liegen. Die Kieferzähne sind klein, die Schuppen des Körpers ziemlich groß, an den Seiten am größten. Die Grundfarbe des Körpers ist grünlichgelb, an den Seiten goldgelb, auf dem Bauche weißlich. Vom schwärzlichgrünen Rücken verlaufen gegen die Bauchseiten zu 5 bis 9, manchmal nur sehr schwach entwickelte, schwärzliche oder braune Querbinden mit verschwimmenden Rändern. Die Brustflossen sind goldigrot gefärbt, die Bauch- und Afterflossen rot. Am Ende der ersten Rückenflosse findet sich stets ein blauschwarzer Fleck. Der Barsch wird ungefähr $^1/_3$ m lang und etwa $^3/_4$ kg, seltener $1^1/_2$ bis 2 kg schwer. Er ist ein Raubfisch und lebt in nahezu ganz Europa, Nordasien und Nordamerika im stehenden und fließenden Wasser, auch im Brackwasser. Er laicht vom April bis Juni; sein Fleisch wird sehr geschätzt.

2) Gattung der Zander, Lucioperca

Die beiden hieher gehörigen Arten haben einen gestreckten, niedrigen Körper mit zwei nur durch einen ganz kurzen Zwischenraum getrennten Rückenflossen. Der Kopf ist groß und lang, das Auge klein. In den Kiefern stehen neben langen, spitzen Raubzähnen noch sehr feine Samtzähnchen. Die Schuppen sind klein, die Schwanzflosse ist mäßig gegabelt.

1. Oberkieferknochen unter oder hinter den hinteren Augenrand reichend ... (F) Schill, Lucioperca lucioperca (L.), S. 96.
2. Oberkieferknochen nur bis etwa unter die Mitte des Auges reichend, Körper gedrungener, die dunklen Querbinden über dem Rücken deutlicher.. (F) Russischer Zander, Lucioperca volgensis (Pall.), S. 97.

96. (F) Schill, Lucioperca lucioperca (L.).

Der Schill oder Zander besitzt einen gestreckten Kopf, dessen Stirnprofil nahezu geradlinig aufsteigt. Ober- und Unterkiefer sind gleich lang, sowohl im Ober- wie im Unterkiefer befindet sich jederseits ein großer, einem Eckzahn entsprechender Fangzahn, der die übrigen an Größe überragt. Der Kiemenvorderdeckel ist am Hinterrande fein gezähnelt. Die erste Rückenflosse hat kräftige, spitze Stacheln, die bis zum vierten, der so wie der fünfte und sechste die übrigen an Länge übertrifft, an Größe zunehmen. Der letzte Stachel ist ganz klein; manchmal geht die erste Rückenflosse durch einen niedrigen Hautsaum in die zweite über. Der Rücken hat eine grünlichgraue, gegen den Bauch zu weißliche Farbe mit Silberglanz. Vom Rücken erstrecken sich gegen die Seiten meist braune Flecken mit verschwommenem Rande, die manchmal Querbinden bilden. Die Seiten des Kopfes sind braun marmoriert, die im übrigen lichten Rückenflossen dunkel gefleckt; zuweilen erscheint auch die Schwanzflosse gefleckt. Die übrigen Flossen haben eine hellgelbe Färbung. Der Schill erreicht eine durchschnittliche Länge von $^1/_2$ m, manchmal bis über 1 m und ein Gewicht von 8 bis 15 kg. Er laicht vom April bis Juni und lebt in reinem, tiefem, fließendem sowie stehendem Wasser in einem großen Teile von Mittel-, Nord- und Osteuropa. Er ist ein gefräßiger Raubfisch, dessen Fleisch sehr geschätzt wird. Der Schill aus dem Plattensee heißt im Handel „Fogosch".

97. (F) *Russischer Zander, Lucioperca volgensis (Pall.).*

Der russische oder Wolgazander, bei uns auch „Steinschill" genannt, ersetzt unseren Schill im östlichen Teile Europas. Er unterscheidet sich von ihm durch einen weniger gestreckten, höheren Körper mit steiler ansteigender, erster Rückenflosse, deren zweiter, dritter und vierter Stachel am längsten ist, und durch ein steiler aufsteigendes Stirnprofil. Der Kiemenvorderdeckel ist stark gezähnt. Die Färbung gleicht im allgemeinen der des Schills, doch treten die viel regelmäßigeren schwärzlichen Querbinden deutlicher hervor. Er bewohnt die Donau, die Gewässer des südlichen Rußland und das Wolgagebiet sowie Nordpersien und den zu Persien gehörigen Teil des Kaspischen Meeres, von wo er vielfach zu uns eingeführt wird.

3) Gattung der Streber, Aspro

Hieher gehören zwei Arten mit spindelförmigem, gestrecktem, mit kleinen Schuppen bedecktem und mit einem langen schlanken oder kurzen gedrungenen Schwanzstiel ausgestatteten Körper. Der von oben niedergedrückte Kopf ist lang, der Mund klein. Die Schnauze ragt sichtlich über den Unterkiefer vor. Die Augen stehen hoch am Kopf und schief aufwärts.

1. In der ersten Rückenflosse 8 bis 9 Stacheln.... (F) Streber, Aspro asper (L.), S. 98.

2. In der ersten Rückenflosse 13 bis 15 Stacheln.... (F) Zingel, Aspro zingel (L.), S. 98.

98. (F) Streber, Aspro asper (L.).

Der Streber hat einen vorne niedergedrückten, mehr breiten als hohen Körper, einen bis auf die Stirngegend und die Schnauze beschuppten Kopf, einen langen und schlanken Schwanzstiel und eine kleine, eingeschnittene Afterflosse. Der erste Stachel der ersten Rückenflosse ist etwa halb so groß wie der zweite; die Flosse nimmt bogenförmig nach hinten an Größe ab. Die braungelbe oder rötliche Rückenseite zeigt 4 bis 5 breite, schwärzliche, schief herablaufende Querbänder; der Bauch ist weiß, die Flossen sind gelblichgrau gefärbt. Die Grundfärbung variiert einigermaßen. Der Streber kommt im Donaugebiete vor, lebt in der Tiefe in reinem Wasser und laicht im März und April. Er wird durchschnittlich 15 cm oder etwas darüber lang. Sein Fleisch ist gut, doch wird er seiner Kleinheit halber wenig beachtet.

99. (F) Zingel, Aspro zingel (L.).

Die Zingel hat einen etwas höheren Körper, die Höhe entspricht ungefähr der Breite, und einen weniger niedergedrückten Kopf. Den Körper, außer den Kinnladen, der unteren Augengegend, den Wangen und der Kehle, bedecken Schuppen. Der erste Stachel der ersten Rückenflosse ist kleiner als die Hälfte des zweiten; die Flosse nimmt ziemlich geradlinig nach hinten an Höhe ab. Der Schwanzstiel erscheint kurz und gedrungen, die Schwanzflosse mittelgroß und nur ganz sanft ausgeschnitten. Der Rücken und die Seiten haben eine graugelbe Färbung; der Bauch ist weißlich. In der Grundfärbung finden sich etwa vier unbestimmte, unscharf begrenzte, wolkige, dunkle, schief nach vorne herablaufende Binden. Die Zingel erreicht eine Länge von etwa 40 cm und ein Gewicht von 1 kg. Sie kommt wie der Streber im Donaugebiete vor; auch ihre Lebensweise stimmt mit der des Strebers überein. Die Zingel laicht im April oder Mai, ihr Fleisch ist wohlschmeckend und geschätzt.

4) Gattung der Kaulbarsche, Acerina

Die beiden hieher gehörigen Arten haben einen mäßig hohen, mit mittelgroßen Schuppen bedeckten Körper und einen ziemlich großen Kopf. Der Oberkiefer ragt nur wenig über den Unterkiefer vor, das Auge ist groß und hochstehend. Die Kiemendeckel sind mit starken Stacheln am Rande besetzt, der Schwanzstiel erscheint ziemlich gedrungen und höher als breit, d. h. kürzer und gedrungener als bei der vorigen Gattung, die Schwanzflosse mäßig stark ausgeschnitten.

1. Körper gedrungen, in der Rückenflosse 12 bis 15 Stacheln.... (F) Kaulbarsch, Acerina cernua (L.), S. 98.

2. Körper langgestreckt, niedriger, in der Rückenflosse 17 bis 19 Stacheln.... (F) Schrätzer, Acerina schraetser (L.), S. 99.

100. (F) Kaulbarsch, Acerina cernua (L.).

Der Kaulbarsch oder die „Pfaffenlaus" hat einen gedrungenen Körper mit stark gebogenem Rückenprofil und einen ziemlich kleinen

Kopf mit stumpfer Schnauze und schiefstehender weiter Mundspalte. Der Oberkiefer ragt über den Unterkiefer weit vor. Der Rand des Kiemenvorderdeckels ist mit sechs sehr starken, leicht gebogenen und einem kleinen, gabelig geteilten Stachel besetzt, der Rand des Kiemendeckels glatt, der Rücken olivenbraun oder olivengrün mit dunkleren Flecken, die manchmal kleine Längslinien bilden, der Bauch weißlich. Die Seiten sind messinggelb. Auf dem stacheligen Rückenflossenteil bilden die schwarzbraunen Flecken 4 bis 5 Reihen, die After- und Bauchflossen haben eine rötliche Färbung. Er erreicht eine Größe von 20 cm und ein Gewicht von $^1/_8$ kg, lebt in ganz Nord- und Mitteleuropa bis nach Sibirien im fließenden Süßwasser und in den brackigen Küstenteilen der Ostsee und laicht vom März bis Mai. Der Kaulbarsch ist ein für die Fischbrut sehr gefährlicher Raubfisch, dessen Fleisch sich durch Wohlgeschmack auszeichnet.

101. (F) Schrätzer, *Acerina schraetser (L.)*.

Der Schrätzer, Schratz oder Schrätz unterscheidet sich von der vorhergehenden Art durch den gestreckteren, niedrigeren Körper mit wenig gewölbtem Rückenprofil, die langgestreckte Schnauze und die fast waagrechte Mundspalte. Der Oberkiefer ragt nur sehr wenig über den Unterkiefer vor. Der Kiemenvorderdeckel trägt am hinteren Rande 6 bis 7 starke, spitze Dornen, davon 3 am Unterrande. Die Schuppen stehen an Größe denen des Kaulbarsches nach. Der Rücken und die Seiten sind zitronengelb gefärbt und haben drei schwarze Längsstreifen; gegen den Rücken zu wird die Farbe mehr olivengrün. Der Bauch ist silberweiß. Auf der Rückenflosse stehen 3 bis 4 Reihen von schwarzen Punkten. Die übrigen Flossen sind gelb oder gelblich. Der Schrätzer erreicht eine Größe von mehr als 30 cm und ein Gewicht von $^1/_4$ kg. Er lebt im Gebiete der Donau und ihrer Nebenflüsse und laicht im April oder Mai. Als Nahrungsmittel hat er wenig Bedeutung.

Anhang. Hier schließen sich zwei Arten aus der Gattung der Schwarzbarsche, Micropterus, an, die einer eigenen Familie, den Centrarchidae, zugezählt werden. Sie sind ursprünglich nicht in unseren Gewässern heimisch gewesen, sondern wurden aus Nordamerika eingeführt und haben sich seitdem in unseren Gebieten eingebürgert. Von unseren Barschen, denen sie sonst sehr ähneln, unterscheiden sie sich durch die Gestalt des ersten Teiles der Rückenflosse, der stets viel niedriger ist als der zweite aus Strahlen bestehende. Es kommen folgende zwei Arten, Raubfische, die zuerst in Teichen gezüchtet wurden, sich jetzt aber auch schon in freien Gewässern finden, in Betracht:

1. Der Oberkieferknochen erstreckt sich bis unter die Mitte oder bis unter das zweite Drittel des Auges. In der Seitenlinie 72 bis 80 Schuppen... (F) Schwarzbarsch, Micropterus dolomiei Lacép., S. 100.

2. Der Oberkieferknochen erstreckt sich bis unter den hinteren Rand des Auges. In der Seitenlinie 65 bis 70 Schuppen.... (F) Forellenbarsch, Micropterus salmoides Lacép., S. 100.

102. (F) Schwarzbarsch, *Micropterus dolomiei Lacép.*

Der Schwarzbarsch hat einen gedrungenen Körper und großen Kopf mit weitem Maul, dessen Unterkiefer mäßig über den Oberkiefer vorragt. Das Auge ist klein, die Färbung im Alter bis auf den hellen Bauch ein fast gleichmäßiges Grüngrau mit Bronzeglanz. In der Jugend besitzt er dunklere Querbinden. Er lebt in klaren, raschfließenden, kalten Wässern, aber nicht im Gebirge, und erreicht eine Länge von etwa 50 cm.

103. (F) Forellenbarsch, *Micropterus salmoides Lacép.*

Der Forellenbarsch wird noch etwas länger als die vorige Art (bis $^2/_3$ m) und besitzt nicht nur größere Schuppen, sondern auch einen stark vorstehenden Unterkiefer. Er ist im Alter grünlich gefärbt und in der Jugend mit einem dunklen und überdies gefleckten Längsstreifen an den Seiten geziert. Der Forellenbarsch lebt hauptsächlich in langsam fließendem oder stehendem Wasser von höherer Temperatur. Das Fleisch beider Arten ist sehr gut.

D. Familie der Meerbrassen, Sparidae

Die Familie der Meerbrassen umfaßt eine große Zahl von Fischen, die einander in der äußeren Körperform sehr ähneln; besonders die Arten ein und derselben Gattung gleichen sich oft in der Gestalt nahezu völlig. Den seitlich zusammengedrückten und oblongen Körper bedecken sehr fein gezähnelte, große oder mittelgroße Schuppen. Die Stirne und die Wangenteile des Kopfes sind gewöhnlich beschuppt, die Kiemendeckel und Kiemenvorderdeckel ganzrandig. Die Seitenlinie geht nie auf die Schwanzflosse über. Die Rückenflosse, deren stacheliger Teil ungefähr so lang ist wie der aus Strahlen bestehende, läßt sich gewöhnlich in eine Furche des Rückens einlegen. Die Schwanzflosse erscheint stets gegabelt. Neben dem oberen Rand der Bauchflosse steht meist eine sehr lange, spitze Schuppe. Die Meerbrassen nähren sich zum Teil von pflanzlichen, zum Teil von tierischen Stoffen. Große Mahlzähne befähigen manche Arten, selbst starke Muscheln und Schneckengehäuse aufzubeißen. Alle für uns in Betracht kommenden Meerbrassen sind tatsächlich Meerestiere.

Mund nicht oder nur unbedeutend vorstreckbar.
I. Keine Mahlzähne. In den Kiefern befinden sich zwischen den anderen Zähnen auch mehrere noch größere, starke, kegelförmige Fangzähne (Hundszähne).... Gattung der Zahnbrassen, Dentex, S. 100.
II. Außer den schneidenden oder kegelförmigen Zähnen sind noch breite, flache Mahlzähne vorhanden. Die Vorderzähne im Kiefer sind kegelförmig.... Gattung der eigentlichen Brassen, Sparus, S. 101.

1) Gattung der Zahnbrassen, Dentex

Die drei hieher gehörigen Arten haben einen ziemlich hohen, seitlich stark zusammengedrückten Körper und stark gebogenen Rücken.

Die Schuppen des Kopfes sind kleiner als die der Körperseiten. Die nicht ganz bis an die Schwanzwurzel reichende Seitenlinie ist stark gebogen, der Mund mäßig vorstreckbar.

Bei älteren Tieren verstärken sich die Kopfknochen bedeutend, besonders jene zwischen den Augen, die dann wulstartig hervortreten, so daß das Stirnprofil nicht gleichmäßig gebogen erscheint, sondern eine kantige Kontur zeigt. Die einzelnen Arten unterscheiden sich voneinander hauptsächlich durch die folgenden Merkmale:

A. Körperfarbe bläulich silbern, mit schwärzlichen, unregelmäßig zerstreuten Flecken auf dem Rücken und den Seiten. Achsel der Brustflossen schwärzlich.... (M) Gemeine Zahnbrasse, Dentex dentex (L.), S. 101.

B. Körperfarbe intensiv rosenrot, im Leben mit lichtgelben Längsstreifen auf den einzelnen Schuppenreihen.

  1. Oberkiefer über den Unterkiefer vorragend.... (M) Marokkanische Zahnbrasse, Dentex maroccanus Cuv. Val., S. 101.

  2. Unterkiefer über den Oberkiefer vorragend.... (M) Großäugige Zahnbrasse, Dentex macrophthalmus Cuv. Val., S. 101.

104. (M) Gemeine Zahnbrasse, Dentex dentex (L.)

Die gemeine Zahnbrasse kommt im Mittelmeer häufig vor. Sie erreicht bei einem Gewicht von 10 kg eine Länge von 1 m, wird am häufigsten im Januar und Februar gefangen und hat ein ganz besonders wohlschmeckendes Fleisch.

Die beiden anderen Arten stammen von der atlantischen Küste von Marokko:

105. (M) Großäugige Zahnbrasse, Dentex macrophthalmus Cuv. Val., und

106. (M) Marokkanische Zahnbrasse, Dentex maroccanus Cuv. Val.

Die Art Nr. 105 unterscheidet sich von Nr. 106, mit der sie die rosenrote Färbung gemein hat, außer durch den vorstehenden Unterkiefer noch durch das viel größere Auge, das dem Mundwinkel mit seinem unteren Rande viel näher steht als bei Nr. 106.

2) Gattung der eigentlichen Brassen, Sparus

Die zu dieser Gattung gehörigen Arten besitzen einen hohen oder mäßig hohen, seitlich gepreßten, meist ziemlich gestreckten Körper mit mittelgroßen oder großen Schuppen, die dem Körper fest ansitzen. Das Rückenprofil erscheint mit wenigen Ausnahmen bedeutend stärker gebogen als das Bauchprofil, das manchmal nahezu gerade verläuft. Der Mund ist klein oder mittelgroß, die Mundwinkel sind vom mittelgroßen oder kleinen Auge meist weit entfernt. Die gewöhnlich kurze Schnauze fällt steil ab; die Stirn ist verhältnismäßig breit. Die eigent-

lichen Brassen haben bis auf wenige Ausnahmen ein sehr wohlschmeckendes und darum hoch im Preise stehendes Fleisch.

A. Ein braunschwarzer Fleck vor dem hinteren Kiemendeckelrand,
zwischen den Augen ein goldiger Streifen.... (M) Goldbrasse,
Sparus aurata L., S. 102.

B. Kein braunschwarzer Fleck vor dem hinteren Kiemendeckelrand,
zwischen den Augen kein goldiger Streifen.

a) Zwischen den übrigen Zähnen stehen einige (4) größere Zähne
(Fangzähne), in der Afterflosse außer den 3 Stacheln nur
8 Strahlen, Brustflossen bis etwa zum vierten weichen Strahl
der Afterflosse reichend.... (M) Gemeine Sackbrasse, Sparus
pagrus L.

α) Brustflossen ungefähr bis zum After reichend, vor dem Beginn der Afterflosse endigend.... (M) Acarne, Sparus acarne
(Cuv.), S. 102.

β) Brustflosse über den After nach hinten bis zum Beginn der
Afterflosse oder über diesen hinausreichend.

1. In der Rückenflosse 10 weiche Strahlen, in der Afterflosse
außer den 3 Stacheln nur 9 Strahlen, in der Seitenlinie
ungefähr 60 Schuppen.... (M) Rotbrasse, Sparus ery-
thrinus L., S. 103.

2. In der Rückenflosse außer den 11 bis 12 Stacheln 12 weiche
Strahlen, in der Afterflosse außer den 3 Stacheln 10 bis
12 weiche Strahlen, in der Seitenlinie ungefähr 68 bis
75 Schuppen.... (M) Scharfzähnige Brasse, Sparus
centrodontus Delaroche, S. 103.

107. (M) Goldbrasse, Sparus aurata L. (ital. Orada).

Die Goldbrasse oder Orada besitzt einen seitlich stark zusammengepreßten Körper, dessen Höhe die Kopflänge übertrifft. Die Entfernung der Augen voneinander ist größer als ihr Durchmesser, der
stachelige Teil der Rückenflosse höher als der aus Strahlen bestehende,
der zweite und dritte Stachel der Afterflosse gleich lang, der Rücken
olivengrün mit Goldglanz, der Bauch silberweiß. An den Seiten finden
sich zahlreiche schmale Goldstreifen, ein etwas breiterer, aber kürzerer
jederseits zwischen Brust- und Bauchflossen. Die Kiemendeckel besitzen vor der Wurzel der Brustflossen einen violetten oder karmin-
roten Fleck. Die Brustflossen sind gelblich. Die Schwanzflosse ist
schwarz gerändert. Die Goldbrasse erreicht eine Länge von $^2/_3$ m,
wird besonders in den Wintermonaten häufig auf den Markt gebracht
und ist einer der geschätztesten Meeresfische des Mittelmeeres.

108. (M) Acarne, Sparus acarne (Cuv.).

Die Acarne hat einen mittelhohen Körper mit einem dicken
Kopf, namentlich die Stirn ist zwischen den Augen breit und
gewölbt. Sie fällt nicht gerade, sondern im Bogen zur Schnauzenspitze

ab, so daß die Schnauzenform abgestumpft erscheint. Das viel größere Auge steht vom Mundwinkel nur ungefähr so weit ab, als die Länge seines Durchmessers beträgt. Die Mundspalte ist klein, die Färbung rosenrot mit goldenem Schein und einem tiefbraunroten Fleck in der Achsel der Brustflossen. Die Acarne bewohnt hauptsächlich die westliche Hälfte des Mittelmeeres und den Atlantischen Ozean an der marokkanischen Küste, von wo sie zu uns eingeführt wird. Sie erreicht eine Länge von 30 cm; ihr Fleisch ist gut.

109. (M) Scharfzähnige Brasse, Sparus centrodontus Delaroche.

Der Körper dieser Art ist etwas niedriger als die Kopflänge, der Augendurchmesser etwas größer als die Stirnbreite zwischen den Augen, d. h. ungefähr so groß wie die Länge der Schnauze, die also verhältnismäßig kurz erscheint. Die Zähne sind sehr klein. Die Brustflosse reicht bis zum Beginn der Afterflosse. Die Grundfarbe ist silbern, der Rücken rosenfarbig. Ein breiter schwarzer Fleck befindet sich auf der Schulter. Bezüglich der Verbreitung usw. gilt das von Nr. 108 Gesagte.

110. (M) Rotbrasse, Sparus erythrinus L.

Die Rotbrasse hat einen mäßig hohen Körper, dessen Höhe die Länge des Kopfes übertrifft. Die Stirn fällt nur in sehr sanfter, gleichmäßiger Krümmung zur Schnauze ab. Der Mund läßt sich ein wenig vorstrecken. Die Mundspalte ist nicht sehr groß; der Durchmesser des mittelgroßen Auges entspricht ungefähr dem Abstand vom Mundwinkel. Auch diese Art hat Hellrosafärbung, jedoch mit bläulichem Schimmer und metallischem Glanz. Gegen den Bauch zu ist sie silberweiß. Die Schwanzflosse und der aus Strahlen bestehende Teil der Rückenflosse zeigt karminrote Randung, die Brustflossen sind zart rosa, die Bauch- und Afterflossen weiß. Die Rotbrasse erreicht eine Länge von etwa 40 cm, kommt häufig auf den Markt und besitzt gutes Fleisch, das vom März bis Mai am besten schmeckt.

E. Familie der Meerbarben, Mullidae

Die Familie der Meerbarben wird in dem für uns in Betracht kommenden Gebiet nur durch eine Art vertreten.

111. (M) Rote Meerbarbe, Mullus barbatus L.

Die rote Meerbarbe hat einen hohen, seitlich etwas zusammengepreßten, mit großen, leicht abfallenden Schuppen bedeckten Körper. Der Kopf ist groß, das Stirnprofil, das manchmal fast senkrecht abfällt, mehr oder weniger steil. Die Kiemendeckelknochen sind ganzrandig. Das große Auge steht hoch im Kopfe. Im Munde sind nur ganz schwache Zähne vorhanden. Der Oberkiefer ist zahnlos. Am Kinn unterhalb des Mundes befinden sich zwei lange Bartfäden; von den beiden weit auseinanderstehenden Rückenflossen besteht die erste aus 7 Stacheln, die zweite aus einem Stachel und 8 Strahlen. Die Grundfarbe der Meerbarbe ist ein schönes intensives Rosenrot, in dem oft 2 bis 3 gelbe Längsstreifen an den Seiten des Körpers nach hinten laufen. Die rote Meerbarbe wird 25 bis 30 cm lang. Man fängt sie während des ganzen Jahres. Sie ist ein sehr geschätzter Tafelfisch.

Anmerkung. Nach der größeren oder geringeren Abschüssigkeit der Stirnlinie und dem deutlicheren Auftreten der gelben Seitenstreifen wurde diese Art früher in zwei getrennt, die ,,eigentliche rote" Meerbarbe, Mullus barbatus L., und die ,,gestreifte" Meerbarbe, Mullus surmuletus L.

F. Familie der Stöckerartigen, Carangidae

Zu dieser Familie gehören einige als Tafelfische sehr geschätzte Arten. Alle besitzen einen kräftigen, muskulösen, spindelförmigen, gedrungenen oder gestreckten, entweder rundlichen oder seitlich mäßig zusammengepreßten Körper. Die Schuppen sind mittelgroß oder klein, oft nahezu winzig. Der Kopf ist ziemlich groß, ebenso das Auge, die Mundspalte wie die Kiemenöffnungen weit, die kräftige Schwanzflosse tief gegabelt. Alle hieher gehörigen Arten sind treffliche Schwimmer, die große Entfernungen leicht zurückzulegen vermögen und deshalb auch eine weite Verbreitung haben.

A. Schwanzteil des Körpers auf beiden Seiten gekielt.
1. Die Seitenlinie in ihrer ganzen Ausdehnung mit Schildern besetzt. Keine breiten blauschwarzen Querbinden auf dem Körper.... Gattung der Stöcker, Trachurus, S. 104.
2. Seitenlinie nur teilweise beschildert (vorne nicht), niemals blauschwarze Querstreifen auf dem Körper.... Gattung der Bastardmakrelen, Caranx.
B. Schwanzteil des Körpers ungekielt. Erste Rückenflosse normal entwickelt, die einzelnen Stacheln miteinander in Verbindung.... Gattung der Roßmakrelen, Pomatomus, S. 105.

1) Gattung der Stöcker, Trachurus

112. (M) Stöcker, Trachurus trachurus (L.).

Der Stöcker ist ein niedriger, schlanker, langgestreckter Fisch mit sehr muskulösem, rundlichem Körper, nicht sehr langen Schwanzstiel und kräftiger Schwanzflosse. Er hat einen langen Kopf, einen über den Oberkiefer vorragenden Unterkiefer, ein mäßig großes Auge und einen vorstreckbaren Mund. Die die Seitenlinie in ihrer ganzen Länge bedeckenden Schilder sind am Schwanzstiel gekielt und mit nach hinten gerichteter Spitze versehen. Vor der ersten Rückenflosse steht ein nach vorne gerichteter Stachel. Die Rückenfärbung ist grün oder grünlichblau, der Bauch silbern, am hinteren oberen Rand des Kiemendeckels befindet sich ein schwarzer Fleck. Der Stöcker ist sehr weit verbreitet und erreicht eine Länge von etwa 40 cm. Sein Fleisch schmeckt gut, am besten im April und November.

2) Gattung der Roßmakrelen, Pomatomus

113. (M) Roßmakrele, Pomatomus saltator (Bl. Schn.).

Die Roßmakrele ist ein sehr muskulöser, mäßig langgestreckter, nicht sehr hoher Fisch, mit einem seitlich nur wenig zusammengedrückten Körper. Die Schuppen sind von mäßiger Größe. Die Mundspalte ist ziemlich weit. Vor der sehr niedrigen stacheligen Rückenflosse steht kein nach vorn gerichteter Stachel. Der Kiemenvorderdeckel ist leicht gezähnelt, die Farbe des Rückens grün oder grünblau, die des Bauches lichter oder ganz silberweiß. Er lebt in den meisten tropischen und gemäßigten Meeren, kommt aber im Mittelmeer seltener vor. Sein Fleisch ist sehr gut. Die Roßmakrele erreicht eine Länge von über $^2/_3$ m und ein Gewicht von mehreren Kilogramm.

G. Familie der Makrelenartigen, Scombridae

Die Makrelenartigen haben einen in der Regel ziemlich langgestreckten, seitlich mäßig oder stark zusammengedrückten, manchmal aber auch rundlichen, nackten oder mit kleinen Schuppen bedeckten Körper, der in seinem allgemeinen Bau dem der Stöckerartigen (S. 104) gleicht. Charakteristisch für die hieher gehörigen Arten sind die hinter der zweiten Rückenflosse und der Afterflosse stehenden kleinen, meist nur aus einem einzigen stark gegabelten Strahle bestehenden Flösselchen, die sogenannten „falschen Flossen". Sie treten in verschiedener Anzahl auf und können als abgelöste Teile der Rücken- und Afterflosse betrachtet werden. Die Kiemenöffnung ist weit, der stachelige Teil der Rückenflosse kürzer als der aus Strahlen bestehende, der Schwanzstiel dünn, die Schwanzflosse tief gegabelt. Auch die dieser Familie angehörenden Arten sind größtenteils Wanderfische, die als ausgezeichnete, schnelle Schwimmer große Gebiete durchziehen und meist nur zu bestimmten Zeiten an die Küste kommen. Hieher gehören einige für die Mittelmeergebiete überaus wichtige Fische, deren Fang sehr große Erträgnisse liefert und zu gewissen Jahreszeiten einen großen Teil der Küstenfischer beschäftigt.

> A. Die beiden Rückenflossen sind voneinander durch einen weiten Zwischenraum getrennt.
> > 1. Die erste Rückenflosse reicht beträchtlich hinter das Ende der Brustflossen. Schuppen auf dem ganzen Körper ungefähr von gleicher Größe.... Gattung der echten Makrelen, Scomber, S. 106.
> B. Erste und zweite Rückenflosse nur durch einen ganz kurzen Zwischenraum getrennt oder miteinander durch einen niederen Hautsaum in Verbindung.

1. In der ersten Rückenflosse 14 bis 15 Stacheln.... Gattung der eigentlichen Thunfische, Thynnus, S. 107.
2. In der ersten Rückenflosse über 20 Stacheln.... Gattung der Bonite, Pelamys, S. 108.

1) Gattung der echten Makrelen, Scomber

Die echten Makrelen besitzen einen mäßig langgestreckten, niedrigen, seitlich mäßig zusammengedrückten, rundlichen Körper mit mittelgroßem Kopf und weiter Mundspalte. Der Unterkiefer ragt über den Oberkiefer deutlich vor, die Zähne sind klein. Das Auge wird im vorderen und hinteren Teile von einer knorpeligen Haut überdeckt. Die Stacheln der ersten Rückenflosse sind schwach biegsam, hinter der Rücken- und Afterflosse stehen 5, selten 6 kleine, falsche Flossen. Der Seitenkiel auf dem Schwanzstiel ist nicht stark entwickelt. Die Schuppen sind sehr klein und bedecken den ganzen Körper.

1. In der ersten Rückenflosse 11 bis 14 Stacheln.... (M) Gemeine Makrele, Scomber scomber L.
2. In der ersten Rückenflosse 7 Stacheln.... (M) Blasenmakrele, Scomber colias L.

114. (M) Gemeine Makrele, Scomber scomber L.

Die gemeine Makrele hat winzige, auf dem ganzen Körper gleich große Schuppen. Eine Schwimmblase fehlt zum Unterschied von der nächstfolgenden Art. Sie ist auf dem Rücken grünlichblau bis blau gefärbt und mit ungefähr 30 schwarzen, schwach gebogenen Querstreifen geziert, die bis in das mittlere Drittel der Körperhöhe herabsteigen. Der Bauch zeigt eine silberweiße Färbung. Im Leben zeigt sich an den Seiten und auf dem Bauch ein zarter rötlicher oder rosenroter, leuchtender, metallischer Schimmer, der auch unmittelbar nach dem Tode noch zu beobachten ist. Die gemeine Makrele erreicht eine Länge von 40 cm und ein Gewicht von $1/_2$ kg. Sie bewohnt das Mittelmeer und den nördlichen Atlantischen Ozean, die ganze Küste Europas und die Ostküste von Amerika. Im Mittelmeergebiet kommt sie ziemlich häufig vor. Wegen ihres ausgezeichneten Fleisches, das im April und Mai sowie im September und Oktober am besten schmeckt, wird sie sehr geschätzt.

115. (M) Blasenmakrele, Scomber colias L.

Die Blasenmakrele unterscheidet sich von Nr. 114 auch dadurch, daß die Schuppen in der Schultergegend, und zwar in der Nähe der Brustflossenbasis, größer sind als die übrigen, dann durch das Vorhandensein einer Schwimmblase. Die Grundfärbung des Rückens und der Seiten ist nicht so lebhaft wie die der gemeinen Makrele. Statt der 30 schwarzen Querstreifen finden sich bei ihr auf dem Rücken zahlreiche unregelmäßige, netzartig verlaufende, dunklere Querlinien. Die Seiten sind bis zum Bauch mit grauen länglichen Flecken bedeckt. Auf dem Scheitel hat sie einen lichten Fleck. Sie wird ebenso lang wie Nr. 114, kommt aber im Gebiet der Adria weniger häufig vor als diese, wenn auch ihr Verbreitungsgebiet ungefähr mit dem der gemeinen Makrele zusammenfällt; nur geht sie nicht so weit gegen Norden und weiter nach Süden. Ihr Fleisch wird sehr geschätzt.

2) Gattung der eigentlichen Thunfische, Thynnus

Die Thunfische besitzen einen mehr oder weniger gedrungenen, muskulösen, ziemlich hohen, rundlichen, mit kleinen Schuppen bedeckten Körper; die Schuppen in der Brustregion sind viel größer als die anderen. Der Kopf ist ziemlich groß, der Unterkiefer ragt etwas über den Oberkiefer vor. Die erste Rückenflosse, die sehr niedrige hintere Stacheln hat, reicht bis unmittelbar vor die zweite.

Die große Schwanzflosse ist kräftig entwickelt und ladet breit aus. Die zweite Rücken- und die Afterflosse sind kurz, gedrungen und säbelförmig. Hinter ihnen befinden sich 7 bis 10 falsche Flossen, und zwar steht hinter der Afterflosse stets um eine weniger als hinter der Rückenflosse. Die Thunfische gehören zu den echten Zugfischen, die in der wärmeren Jahreszeit an die Küsten kommen, um zu laichen und im Winter wieder verschwinden. Sie werden meist in sehr großen, eigens für diesen Fang konstruierten und aufgestellten Netzen, den „Tonnaren", erbeutet.

1. In der ersten Rückenflosse 14 Stacheln. Brustflossen lang, bis nahezu unter das Ende der ersten Rückenflosse reichend, säbelförmig, hinter der Rückenflosse 9, hinter der Afterflosse 8 falsche Flossen.... (M) Gemeiner Thunfisch, Thynnus thynnus (L.), S. 107.

2. In der ersten Rückenflosse 15 Stacheln, Brustflossen kurz, nur etwa bis zur Mitte der ersten Rückenflosse reichend, nicht säbelförmig geschwungen. Hinter der Rückenflosse 8, hinter der Afterflosse 7 falsche Flossen.... (M) Kleiner Thunfisch, Thynnus thunnina Cuv. Val., S. 108.

116. (M) Gemeiner Thunfisch, Thynnus thynnus (L.).

Der gemeine Thunfisch hat einen gedrungenen, spindelförmigen, mäßig hohen Körper und großen Kopf. Die Rückenstacheln sind ziemlich schwach. Seine Färbung ist auf dem Rücken dunkelblau bis schwarzblau, auf der Unterseite blaugrau, mit silbernen Flecken. Er kommt im Mittelmeer und im Atlantischen Ozean zwischen Europa und Amerika in Scharen vor, erreicht eine Größe von 4 und mehr Metern und ein Gewicht bis zu 500 kg. Meist werden jedoch nur kleinere Exemplare von $^2/_3$ bis 1 m Länge gefangen. Das Fleisch, das am Bauch am besten ist, hat eine dunkle Farbe und einen guten Geschmack.

117. (M) Kleiner Thunfisch, Thynnus thunnina Cuv. Val.

Der kleine Thunfisch unterscheidet sich von Nr. 116 auch durch den verhältnismäßig niedrigeren Körper und längeren Schwanzstiel. Ferner ist der in der Grundfarbe dunkelblaue Rücken mit zahlreichen netzförmigen Längsstreifen bedeckt. Die Seiten und der Bauch sind silbern. Er wird nicht so groß wie die vorige Art und kommt in der Adria seltener vor. Sein Verbreitungsgebiet ist das Mittelmeer, der tropische Teil des Atlantischen Ozeans und der Indische Ozean. Das Fleisch des kleinen Thunfisches wird wie das des gemeinen Thunfisches verwertet.

3) Gattung der Bonite, Pelamys

118. (M) Bonit, Pelamys pelamys (Brünn.).

Der Bonit hat einen mäßig gestreckten, niedrigen, rundlichen Körper mit großem, langem Kopf und kleinen Schuppen, die in der Gegend der Brustflossen größer werden. Der von diesen größeren Schuppen gebildete Fleck reicht nicht bis über das Ende der Brustflossen hinaus. Der Unterkiefer steht nur ganz unbedeutend über den Oberkiefer vor. Beide Kiefer tragen mittelgroße Zähne. Hinter der zweiten Rückenflosse stehen 8 bis 9, hinter der Afterflosse 7 falsche Flossen; die Brustflossen sind kurz, gedrungen. Der Rücken ist blau, mit schrägen, schwärzlichen Strichen, der Bauch silbern. Der Bonit kommt im Mittelmeer und im Atlantischen Ozean vor. Er erreicht eine Länge von etwa $^2/_3$ m und wird in der Adria gegen das Ende des Sommers und im Herbst häufig gefangen. Sein Fleisch ist besser als das des Thunfisches.

H. Familie der Schwertfische, Xiphiidae

Die Familie der Schwertfische ist nur durch eine Gattung mit einer Art vertreten.

119. (M) Schwertfisch, Xiphias gladius L.

Der Schwertfisch hat einen schlanken, aber kräftigen, spindelförmigen Körper. Der wie der Unterkiefer zahnlose Oberkiefer erscheint schwertförmig verlängert. Auf der Oberfläche zeigt diese Verlängerung schwarze, auf der Unterseite weiße Färbung. Der Unterkiefer ist bedeutend kürzer, aber ebenfalls zugespitzt. Die großen Augen stehen dem Beginn der schwertförmigen Verlängerung sehr genähert. Die lange, von vorne nach hinten zu in ihrer Höhe abfallende Rückenflosse, die nur am Ende wieder ein wenig ansteigt, nimmt fast den ganzen Rücken ein. Auch die Afterflosse hat eine ähnliche Form; sie ist in der Mitte niedrig. Die säbelförmigen Brustflossen sind groß, die Schwanzflosse bildet einen Halbmond; zu beiden Seiten der Schnauze findet sich ein starker Kiel. Den Körper bedecken ausschließlich ganz kleine, rudimentäre

Schuppen. Die dunkelviolette bis schwärzliche Färbung des Rückens geht an der Seite gegen den Bauch hin allmählich in Silberglanz über. Der Schwertfisch erreicht eine Länge von 4 m und wird dann 300 bis 400 kg schwer. Tiere von solcher Größe sind wegen ihrer ungeheuren Muskelkraft, die sie befähigt, ihr Schwert mit raschem und überaus kräftigem Stoß in dicke, harte Gegenstände, z. B. starke Schiffsplanken hineinzutreiben, sehr gefährlich. Das Fleisch des Schwertfisches ist sehr geschätzt.

J. Familie der Sonnenfische, Zeidae

Diese Familie ist im Mittelmeer durch eine Gattung mit zwei nahe verwandten Arten vertreten.

120. (M) Sonnenfisch, Zeus faber L.

Der Sonnenfisch oder Petersfisch ist ein sehr hochgebauter, seitlich stark zusammengedrückter Fisch, dessen Gestalt sich etwa mit einer breiten ovalen Scheibe vergleichen läßt. Der weit vorstreckbare Mund besitzt kleine Zähne. Die Stacheln der ersten sowie die Strahlen der zweiten Rückenflosse sind stark verlängert und in fädige, lange Hautlappen ausgezogen; das gleiche gilt von der Afterflosse. An der Basis der letzteren und der Rückenflosse befindet sich jederseits eine Reihe von starken, breiten Knochenplatten mit einer oder zwei Spitzen. Die Schuppen sind klein. Die Körperfarbe ist grünlichgrau mit Silberglanz. Etwas vor der Mitte jeder Körperseite befindet sich ein deutlich sichtbarer großer schwarzer Fleck, der manchmal von einer lichteren Umrandung umgeben erscheint. Der Sonnenfisch ist im Mittelmeer häufig und erreicht eine Länge von über 50 cm. Das Fleisch wird, trotzdem es als schmackhaft gilt, nicht besonders geschätzt.

121. (M) Stacheliger Sonnenfisch, Zeus pungio Cuv. Val.

Der stachelige Sonnenfisch unterscheidet sich von dem ersten, mit dem er im allgemeinen ganz übereinstimmt, nur durch die meist viel geringere Anzahl der Knochenplatten an der Basis der Rücken- und Afterflosse und durch ein vom Körper abstehendes Knochenstück auf dem oberen Teil des Kiemendeckels. Er ist im Gebiete der Adria selten.

K. Familie der Plattfische, Pleuronectidae

Diese Familie umfaßt eine große Anzahl in besonderer Weise an das Leben auf dem Meeresgrunde angepaßter Fische. Die jungen freischwimmenden Tiere sind noch symmetrisch gebaut und haben je ein Auge auf jeder Körperhälfte. Während des weiteren Wachstums wandert eines davon auf die andere Seite. Der Fisch hat nun neben einer „Augenseite" eine „blinde" Seite, mit der er auf dem Boden liegt. Sie ist im Gegensatz zur ersteren, die eine für die einzelnen Arten charakteristische, gewöhnlich der Umgebung angepaßte Färbung hat, meist weiß. Hand in Hand mit dieser Veränderung geht natürlich eine Verlagerung der Kopfknochen, so daß das ganze Tier unsymmetrisch wird. Die Augenseite kann die rechte oder linke des Kopfes sein. Die Plattfische sind der Hauptsache nach elliptische, flach zusammengepreßte Tiere mit langer Rücken- und Afterflosse und kleinen Bauchflossen. Die Brustflossen erscheinen manchmal insofern ebenfalls unsymmetrisch ausgebildet, als sie auf der Augenseite größer als auf der Blindseite werden, wo sie zuweilen sogar gänzlich fehlen. Die Färbung der Flossen stimmt immer mit der Seite überein, auf der die betreffende Flosse steht.

A. Die Bezahnung der Kiefer ist auf beiden Seiten ungefähr gleich.
   I. Die Augen liegen auf der rechten Körperseite, die Rückenflosse beginnt über dem Auge.... Gattung der Heilbutte, Hippoglossus, S. 110.
  II. Die Augen liegen auf der linken Körperseite, die Rückenflosse beginnt vor dem Auge über der Schnauze.
     a) Kieferzähne ganz klein, seidenförmig, ein Band auf den Kiefern bildend; nahezu alle Strahlen der Rücken- und Afterflosse gegabelt.... Gattung der Steinbutte, Bothus, S. 111.
B. Kieferzähne auf der Augenseite viel schwächer entwickelt als auf der blinden Seite.
  1. Das obere Auge steht vor dem unteren.... Gattung der echten Zungen, Solea, S. 112.
  2. Das obere Auge steht nicht vor dem unteren.... Gattung der Flundern, Pleuronectes, S. 112.

1) Gattung der Heilbutte, Hippoglossus

122. (M) Heilbutt, Hippoglossus hippoglossus (L.).

Der Heilbutt hat einen ziemlich dicken und nicht sehr breiten, langgestreckten Körper. Die Oberfläche des Kopfes ist glatt und trägt keine besonders hervorstehenden Leisten oder Stacheln. Die Augen liegen ziemlich weit voneinander; ihre gegenseitige Entfernung ist größer als ein Augendurchmesser. Die Rückenflosse beginnt etwa über dem vorderen Drittel des Auges. Die Mundspalte reicht bis unter die Augenmitte, der Unterkiefer ragt über den Oberkiefer vor. Die Schuppen des Körpers und des mit Ausnahme der Lippen und der Nasenlöcher ebenfalls beschuppten Kopfes sind sehr klein und mit glattem Rande versehen. Die im übrigen gerade Seitenlinie ist über der Brustflosse gebogen, die Schwanzflosse mäßig, bei älteren Exemplaren geschweift ausgeschnitten. Die Flossen haben keine Schuppen. Vor der Afterflosse befindet sich bei jungen Tieren ein vorstehender Stachel, der bei den älteren nicht nur kleiner und stumpfer wird, sondern auch unter der Haut verschwindet. Die Farbe der Augenseite ist kaffeebraun oder olivengrün mit dunkleren Flecken, die der blinden Seite milchweiß.

Der Heilbutt lebt im nördlichen Teile des Atlantischen Ozeans und in den angrenzenden Gebieten des Eismeeres. Er erreicht eine Länge von 2 m und darüber und ein Gewicht von 200 kg. Sein Fleisch ist sehr geschätzt. Bei uns wird er durch die großen Dampffischereien auf den Markt gebracht.

2) Gattung der Steinbutte, Bothus

Die hieher gehörigen Arten haben einen sehr breit elliptischen Körper, mit dickem, kurzem Schwanzstiel. Der Unterkiefer ragt deutlich über den Oberkiefer vor. Die Zähne sind kräftig. Die Mundspalte erstreckt sich bis hinter die Mitte der nicht sehr weit voneinander liegenden Augen. Ihre Entfernung beträgt etwa einen Augendurchmesser. Vor der Afterflosse befindet sich kein steifer Stachel. Die Rückenflosse beginnt schon vor dem Auge. Der Körper ist mit winzigen Schuppen bedeckt, die Schwanzflosse stark abgerundet. Die Seitenlinie bildet eine scharfe Kurve über der Brustflosse; die Bauchflossen haben eine sehr breite Basis.

1. In der Afterflosse sind höchstens 50, in der Rückenflosse 57 bis 64 Strahlen.... (M) Gemeiner Stein- oder Dornbutt, Bothus maximus (L.).

2. In der Afterflosse sind mehr als 50, in der Rückenflosse 73 bis 80 Strahlen.... (M) Glattbutt, Bothus rhombus (L.).

123. (M) Steinbutt, Bothus maximus (L.).

Der Steinbutt oder Dornbutt hat einen auf der Augenseite mit knöchernen, stacheligen Erhöhungen bedeckten Körper, dessen Färbung sehr stark variiert. Auch die einzelnen Exemplare zeigen, je nachdem sie sich auf lichterem oder dunklerem Grunde befinden, Farbenverschiedenheiten. Die Grundfärbung ist grau, braun oder schwarzbraun, bei lichteren Exemplaren gelb oder olivengrün. Oft finden sich dunklere Flecken in dieser Farbe. Die gewöhnlich weiße Blindseite erscheint bei manchen Exemplaren nahezu ebenso dunkel gefärbt wie die Augenseite. Der Steinbutt erreicht eine Länge von über $^2/_3$ m, bisweilen sogar von über 1 m und ein Gewicht von 15 kg. Er kommt an den Küsten ganz Europas, und zwar sowohl im Atlantischen Ozean als auch im Mittelmeer, im letzteren besonders häufig vor und wird in der Adria am meisten in der Zeit vom Dezember bis Februar gefangen. Sein Fleisch ist sehr geschätzt.

124. (M) Glattbutt, Bothus rhombus (L.).

Der Glattbutt hat einen dünnen, im Verhältnis zur vorigen Art weniger breiten Körper, der so wie der Kopf mit Ausnahme der Schnauze mit ganz kleinen, glattrandigen Schuppen bedeckt erscheint. Stachelige Knochenhöcker sind nicht vorhanden. Jeder Flossenstrahl trägt eine

Reihe von Schuppen. Die Färbung der Augenseite ist graubraun bis olivengrün mit dunkleren, undeutlichen Punkten auf lichterem oder dunklerem Grunde und lichteren weißlichgrünen Flecken, von denen eine Reihe an der Basis der Rückenflosse, eine andere an der Basis der Afterflosse, eine dritte längs der Seitenlinie verläuft. Der Glattbutt wird meist nur 30 bis 40 cm und höchstens 50 cm lang. Sein Gewicht beträgt meist 1 kg, seltener bis 4 kg. Er hat die gleiche Verbreitung wie der Steinbutt und wird auch ebenso geschätzt wie dieser. Am häufigsten gelangt er im November auf den Markt.

3) Gattung der echten Zungen, Solea

Diese Gattung umfaßt eine große Anzahl von Arten, darunter sehr wichtige und schmackhafte Speisefische. Die echten Zungen haben einen elliptischen, mehr oder weniger breiten, mit Ausnahme des auf der blinden Seite liegenden Schnauzenteiles vollständig mit kleinen rauhen Schuppen bedeckten Körper. Die Schuppen erstrecken sich auch auf die Rücken-, After- und Schwanzflosse. Vor der Afterflosse steht kein Stachel. Die Schnauze ist abgerundet, die Mundspalte klein. Der Oberkiefer und die Schnauzenspitze ragen über den Unterkiefer vor, ebenso die ziemlich weit voneinander entfernten Augen. Die Seitenlinie bildet keinen Bogen über der Brustflosse. Die Schwanzflosse ist abgerundet, der Schwanzstiel kurz und gedrungen.

125. (M) Gemeine Seezunge, Solea solea (L.).

Die gemeine Seezunge gehört zu den wertvollsten Tafelfischen im Mittelmeergebiet. Ihr Körper ist auch am Rande schon ziemlich dick, am dicksten bei den Weibchen. Diese haben einen längeren Kopf, aber kleinere Brustflossen als die Männchen. Die Art erreicht eine Länge von etwas über $^1/_3$ m und ein Gewicht von $^1/_2$ kg. Die Mundspalte verläuft so wie bei den übrigen echten Zungen sanft bogenförmig nach unten. Die Färbung wechselt etwas, je nach dem Boden, auf dem die Tiere leben. Die Brustflosse der Augenseite ist bedeutend länger als die der blinden Seite. Die gemeine Seezunge lebt an den Küsten von fast ganz Europa; sie ist im Mittelmeergebiet häufig, auch im Brackwasser der Flußmündungen. Am meisten wird sie in der Zeit von Dezember bis Februar gefangen.

4) Gattung der Flundern, Pleuronectes

Die zu dieser Gattung gehörigen Arten haben einen mäßig breiten Körper mit gut entwickeltem Schwanzstiel und abgerundeter Schwanzflosse. Der Mund ist klein und schief gestellt; der Unterkiefer ragt vor. Beide Kiefer sind auf der Blindseite mit mittelgroßen Zähnen besetzt, die in einer oder zwei Reihen stehen. Die Basis der Bauchflossen ist kurz, weil ihre einzelnen Strahlen nahe aneinander liegen. Die meist großen, seltener nur mittelgroßen Augen befinden sich eng aneinander. Der Zwischenraum hat einen knöchernen Längskiel, der sich manchmal auch weiter bis hinter die Augen erstreckt. Die meisten der hier in Betracht kommenden Arten leben im nördlichen Atlantischen Ozean, nur eine auch im Mittelmeer und in der Adria. Einige steigen in die Flüsse, und zwar weit aufwärts.

    A. In der Afterflosse mehr als 70 Strahlen; kein nach vorne stehender Knochenstachel vor der Afterflosse.... (M) Kleinköpfige Flunder, Pleuronectes microcephalus Donov., S. 114.

    B. In der Afterflosse weniger als 70 Strahlen. Ein nach vorne stehender derber Knochenstachel vor der Afterflosse.

        I. Die Seitenlinie ist über der Brustflosse stark gebogen.... (M) Sandflunder, Pleuronectes limanda L., S. 114.

        II. Die Seitenlinie ist über der Brustflosse nur schwach gebogen.

            1. In der Afterflosse mehr als 46 Strahlen.... (M) Scholle, Pleuronectes platessa L., S. 113.

            2. In der Afterflosse weniger als 46 Strahlen.... (*) Eigentliche Flunder Pleuronectes flesus L., S. 113.

126. (M) Scholle, Pleuronectes platessa L.

Die Scholle besitzt einen ovalen, ziemlich breiten Körper von nicht besonders großer Dicke. Die zwischen den Augen befindliche, mit 6, seltener 5 deutlichen knöchernen Vorragungen versehene Knochenleiste setzt sich nach hinten bis zum Beginn der Seitenlinie fort. Die Schuppen sind klein und in der Regel größtenteils glattrandig. Die kurzen, kräftigen Zähne stehen in einer Reihe. Der Mund ist nur wenig vorstreckbar. Die Färbung ist nach dem Alter, dem Wohnort usw. sehr verschieden und im allgemeinen auf der Augenseite olivenbraun oder nußbraun, und zwar bei jüngeren Tieren lichter, bei ganz jungen grau. In der Grundfarbe finden sich unregelmäßig verstreute, orangefarbene oder braune, manchmal nahezu olivenbraune, große Punkte, die auch auf dem Basalteile der Rücken- und Afterflosse auftreten und dort gewöhnlich einen dunkelbraunen Rand haben. Eine Längsreihe dieser Punkte zieht sich stets auf dem Körper längs der Basis der Rücken- und der Afterflosse nach der Schwanzwurzel hin. Bei sehr großen Exemplaren, den sogenannten „Königsflundern", umgibt noch ein weißer Ring die orangegelben oder roten Flecken. Die Scholle erreicht eine Länge von mehr als 65 bis 80 cm und ein Gewicht von mehreren Kilogramm. Ihr eigentliches Verbreitungsgebiet ist der nördliche Atlantische Ozean längs der ganzen Küsten Europas. Im Mittelmeer kommt sie nicht so häufig vor wie im Norden und wird dort meist nur 30 cm lang und $^1/_4$ kg schwer. Das Fleisch wird sehr geschätzt.

127. (*) Eigentliche Flunder, Pleuronectes flesus L.

Die eigentliche Flunder unterscheidet sich von Nr. 126 auch dadurch, daß der Knochenkiel zwischen den Augen, der sich hier ebenfalls bis zur Seitenlinie fortsetzt, in seinem hinteren Teil nur schwache knöcherne Fortsätze trägt; an seinem hinteren Ende ist er etwas verbreitert. Die Schuppen des Körpers sind zum Teil glatt, meist jedoch rauhrandig; die jederseits längs der Basis der Rücken- und Afterflosse stehenden Schuppen bilden stachelige Warzen, von denen sich je eine in jedem Zwischenraum zwischen zwei Strahlen befindet. Die Augenseite hat eine graubraune bis olivengraue Färbung mit dunkleren, wolkigen Flecken, unregelmäßigen Streifen und oft undeutlichen, kleinen, runden, roten oder gelben Punkten. Aber auch schwarzblaue Exemplare kommen vor. Die Blindseite erscheint bald weiß, bald mit mehr oder weniger braunen Flecken bedeckt. Die Art bewohnt den nördlichen Atlantischen Ozean und erreicht eine Länge von etwa 25 cm, manchmal 30 cm, selten 50 cm. Ihr Fleisch ist ebenso geschätzt wie das der Scholle.

128. (M) Sandflunder, *Pleuronectes limanda L.*

Die Sandflunder, im Handelsverkehr auch „Rotzunge" genannt, besitzt einen weniger breiten Körper als die beiden vorhergehenden Arten. Die Knochenleiste zwischen den Augen setzt sich nicht nach hinten fort und ist glatt. Die Schuppen sind klein, mit gezähneltem, rauhem Rande. Längs der Seitenlinie oder der Basis der Rücken- und Afterflosse befinden sich keine höckerigen warzigen Stacheln. Die Augenseite hat gewöhnlich eine gelbbraune bis braune Grundfarbe mit lichteren, über den ganzen Körper verstreuten Flecken, in deren Mitte oft ein kleiner dunkler Punkt auftritt. Die Sandflunder erreicht eine Länge von etwa 25 bis 35 cm und kommt im nördlichen Atlantischen Ozean von Frankreich bis zu den Küsten von Island und dem nördlichen Norwegen häufig vor. Ihr Fleisch ist sehr gut.

129. (M) Kleinköpfige Flunder, *Pleuronectes microcephalus Donov.*

Die kleinköpfige oder Steinflunder, im Handelsverkehr auch „Rotzunge" genannt, hat gleichfalls einen mäßig breiten Körper. Die nicht sehr stark ausgeprägte Knochenleiste zwischen den Augen setzt sich nicht nach hinten hin fort. Die Schuppen sind glatt, rund und klein. Die Seitenlinie ist nur schwach über der Brustflosse gebogen, die Farbe der Augenseite rötlich oder gelblichbraun mit bräunlichen, unregelmäßig zerstreuten, größeren und kleineren, oft dunkel umrandeten Flecken, seltener kommen daneben noch bläuliche Flecken vor. Die Ränder der Rücken- und Afterflossenstrahlen sind immer weiß; der Kiemendeckelrand hat eine orangegelbe Färbung. Die Art erreicht eine Länge von durchschnittlich 25 cm, seltener bis gegen 50 cm und bewohnt den nördlichen Atlantischen Ozean und die angrenzenden Gebiete des Eismeeres. Ihr Fleisch gilt nicht als so gut wie das der verwandten Arten.

L. Familie der Drachenkopfartigen, Scorpaenidae

Diese Familie ist im Mittelmeer durch eine Gattung, die Drachen-köpfe, Scorpaena, vertreten, Fische mit starkem, gedrungenem, seitlich mäßig zusammengepreßtem Körper und mit einem großen Kopf, dessen erhöhte Stirnleisten, Wangen und Kiemendeckel mit starken Stacheln versehen sind. Hinter den Augen befindet sich auf der unbeschuppten Stirne eine quere Grube. Die Schuppen sind von mäßiger Größe, die an den Seiten des Körpers am größten, die Zähne klein, die Stacheln der Rückenflosse stark und steif. Diese und die Stacheln des Kiemendeckels vermögen schmerzhafte Wunden zu ver-ursachen, weshalb die Drachenköpfe gewöhnlich mit abgestutzter Rückenflosse und abgebrochenen Kiemendeckeln auf den Markt ge-bracht werden. Ihr Fleisch schmeckt gut.

A. Am Kinn und unterhalb des Unterkiefers zahlreiche Hautläppchen vorhanden.... (M) Großer Drachenkopf, Scorpaena scrofa L., S. 115.

B. Keine Hautläppchen auf dem Kinn und auf der Unterseite des Kopfes unterhalb des ganzen Unterkiefers vorhanden.
1. Das Auge ist kleiner als der davor liegende Kopfteil („Schnauzen-teil"), in der Seitenlinie befinden sich ungefähr 65 von Kanälchen durchbohrte Schuppen.... (M) Kleiner Drachenkopf, Scorpaena porcus L., S. 115.
2. Das Auge ist größer als der Schnauzenteil, in der Seitenlinie liegen 23 bis 24 von Kanälchen durchbohrte Schuppen.... (M) Brandroter Drachenkopf, Scorpaena ustulata Lowe, S. 116.

130. (M) Großer Drachenkopf, Scorpaena scrofa L.

Der große Drachenkopf hat einen plumpen, mäßig hohen Körper und sehr großen Kopf. Sowohl auf der Ober- und Unterseite des Kopfes als auch längs der Seitenlinie, spärlicher auf dem übrigen Körper, be-finden sich Hautläppchen. Der Unterkiefer ragt bedeutend über den Oberkiefer vor; die Schuppen zeigen am Rand eine feine Zähnelung, die bei älteren Tieren oft sehr schwach wird. Die Grundfarbe ist mennigrot, seltener rosenrot oder rotbraun, mit dunkleren braunen Flecken marmoriert; zwischen dem sechsten und neunten Stachel der Rückenflosse ist ein schwarzer Fleck sichtbar. Die Art wird 50 cm lang und über 2 kg schwer. Sie und Nr. 131 sind Küstenbewohner, die ihre Beute — Fische und andere Tiere — in seichten, mit Algen bewachsenen Küstenwässern suchen.

131. (M) Kleiner Drachenkopf, Scorpaena porcus L.

Der kleine Drachenkopf hat im allgemeinen die gleiche Körper-gestalt wie Nr. 130. Die Hautläppchen längs der Seitenlinie sind un-ansehnlich, der Unterkiefer ragt nur ganz wenig über den Oberkiefer vor. Die Färbung des Körpers variiert sehr stark; sie schwankt zwischen grünlichgrau, olivengrün und gelbbraun bis rötlichbraun und dunkelrot-violett. Meist finden sich in der Grundfarbe schwarze Punkte und Marmorierungen, zerstreut neben diesen oft weiße Flecke. Auf dem hinteren Teil der ersten Rückenflosse tritt auch bei dieser Art häufig ein schwarzer Fleck auf. Sie wird nur etwa 30 cm lang und 1 kg schwer.

132. (M) Brandroter Drachenkopf, Scorpaena ustulata Lowe.

Der brandrote Drachenkopf wird nur etwas über 15 cm lang. Bei ihm ragt der Unterkiefer nicht über den Oberkiefer vor, sondern ist nur so lang oder eher etwas kürzer als dieser. Der Körper hat eine braunrote Färbung, mit nicht besonders zahlreichen dunkleren, braunen Flecken. Zwischen dem 6. und 9. Stachel der ersten Rückenflosse steht auch bei dieser Art ein schwarzer Fleck. Der brandrote Drachenkopf hält sich in Tiefen über 100 m auf.

M. Familie der Groppenartigen, Cottidae

Die hiehergehörige Gattung der Groppen, Cottus, hat einen spindel- oder keulenförmigen, schuppenlosen Körper mit breitem, flachem, niedergedrücktem, vorne abgerundetem Kopf, der Kiemendeckel zwei stark gekrümmte Dornen. Die zwei Rückenflossen schließen dicht aneinander, die zweite ist die weitaus längere. Die Zähne in den Kiefern sind fein und bürstenförmig, die Augen mäßig groß. Diese Gattung umfaßt zum größten Teil Meeresfische, die beiden hier in Betracht kommenden Arten leben aber im Süßwasser. Ihre Haut ist sehr schleimig.

133. (*) Groppe, Cottus gobio L.

Die Groppe, auch „Kaulkopf" genannt, hat einen großen, mit Ausnahme der zwei Stacheln auf den Kiemendeckeln unbedornten, glatten, breiten Kopf mit einer bis unter den vorderen Augenrand reichenden Mundspalte. Die runde, große und lange Brustflosse reicht nahezu bis unter das Ende der ersten Rückenflosse. Die Grundfarbe des Körpers ist grau oder bräunlich; daneben finden sich dunkle Punkte, die oft zu großen Flecken und Binden verschmelzen. Die Strahlen der Rücken-, Brust- und Schwanzflosse sind stets, die der Afterflosse oft braun gefärbt. Die Groppe lebt in ganz Europa und Westasien in klaren, schnellfließenden Bächen mit kiesigem und steinigem Grund und steigt hoch ins Gebirge hinauf. Sie kommt aber auch in der Ostsee vor und ist ein besonders für die Forellen- und Lachsbrut gefährlicher Raubfisch, der bis 15 cm lang wird und im März und April laicht. Das Weibchen legt die Eier in seichten, vom Männchen unter Steinen aus-gehöhlten Gruben ab. Das Fleisch ist sehr wohlschmeckend.

N. Familie der Knurrhahnartigen, Triglidae

Diese Familie ist in den für uns in Betracht kommenden Gebieten durch eine Art ihrer charakteristischen Gattung, den Knurrhähnen,

Trigla, vertreten; Fische mit einem muskulösen, keilförmigen, von mittelgroßen oder sehr kleinen Schuppen bedeckten Körper, der nach hinten zu schmäler wird und vorne im Querschnitt abgerundet fünfkantig erscheint; nur die Schuppen in der Seitenlinie sind bei manchen Arten größer. Der starke, nahezu vierkantige Kopf trägt einen vollständigen Panzer aus Knochen, von denen die des Hinterhauptes und des Kiemendeckels hinten in scharfe Zacken ausgehen, und fällt vorne steil schräg zur stumpfen Schnauze ab. Der Vorderrand der letzteren ist entweder konkav oder konvex, die Schwanzflosse nur sehr leicht eingeschnitten und nahezu gerade abgestumpft, die erste Rückenflosse stets höher als die zweite. Wenn die Knurrhähne gefangen werden, geben sie eigentümliche laute, knarrende oder grunzende Töne von sich.

134. (M) Gurnard, *Trigla gurnardus* L.

Der Gurnard oder graue Knurrhahn gehört zu den niedrig gebauten Arten dieser Gattung. Der Kopf ist nur mit kleinen Stacheln versehen und weniger rauh als der der anderen Knurrhähne. Die Schuppen sind zu beiden Seiten der Rückenflosse nicht mit einem nach hinten gerichteten Stachel, sondern nur mit kleinen Zähnelungen versehen. Das Kopfprofil fällt mäßig steil nach vorne ab. Die Schuppen sind bis auf eine Reihe längs der Seitenlinie, die größer und mit Zähnelungen versehen erscheint, klein und glatt. Der Rücken ist braungrau mit weißen Punkten, der Bauch milchweiß. Die erste Rückenflosse trägt gewöhnlich keinen schwarzen, runden Fleck, wohl aber zahlreiche weiße Punkte. Der Gurnard wird etwa 30 cm lang und als Speisefisch sehr geschätzt.

O. Familie der Queisenartigen, *Trachinidae*

Die hieher gehörige Gattung der Petermännchen oder Queisen, Trachinus, umfaßt Fische mit langgestrecktem, schlankem, seitlich stark zusammengepreßtem Körper. Der Kopf ist groß, der Mund stark schief gestellt, weit und mit kleinen Zähnen besetzt. Die Augen stehen einander ziemlich nahe und hoch oben auf dem Kopfe. Die Kiemendeckel sind mit Stacheln versehen. Die erste, aus Stacheln bestehende Rückenflosse ist sehr kurz und schwarz gefärbt, die zweite, ebenso wie die Afterflosse, lang. Die sehr kleinen Schuppen erscheinen glattrandig. Die Queisen vermögen mit den Stacheln der ersten Rückenflosse und der Kiemendeckel äußerst schmerzhafte, nur langsam heilende Wunden hervorzurufen, die alle Erscheinungen einer ziemlich starken Blutvergiftung erkennen lassen. Aus diesem Grunde pflegt man stets die erste Rückenflosse auszuschneiden, bevor die Fische auf den Markt gebracht werden. Der Körper der hier zu besprechenden Fische ist im allgemeinen licht, nur der Rücken hat eine dunklere, meist rotbraune Färbung. Die beiden Arten sind in den europäischen Gewässern, namentlich im Mittelmeer, sehr häufig.

1. An den Seiten des Körpers schiefgestellte längliche, dunkelbraune Querbinden. Das Männchen hinter der Brustflosse mit einem schwarz-violetten, unregelmäßig begrenzten Fleck. R V—VI/29—34, A $\dfrac{\mathrm{II}}{23—32}$ ....

135. (M) Gemeines Petermännchen, Trachinus draco L.

2. An den Seiten des Körpers unter der Seitenlinie eine Reihe von großen rundlichen oder ovalen, meist tiefschwarzen Flecken, die niemals einen lichteren Mittelpunkt besitzen, über den Augen kleine, dunklere Flecken zerstreut, Stirn glatt, Zwischenraum zwischen den Augen breit. R VII/28, A $\dfrac{\mathrm{II}}{29}$ .... *136. (M) Spinnenpetermännchen, Trachinus araneus Cur. Val.*

P. Familie der Schleimfische, Bleniidae

Zu dieser Familie gehört eine Gattung von Fischen, die einen mehr oder weniger langgestreckten, nackten oder nur mit rudimentären Schuppen bedeckten, seitlich mäßig zusammengedrückten Körper hat. Die sehr lange Rückenflosse beginnt schon vor der Basis der Brustflossen oder über dieser. Auch die Afterflosse ist lang, die Schwanzflosse abgerundet, der Körper stark mit Schleim bedeckt.

1) Gattung der Wolfsfische, Anarrhichas

Die beiden zu dieser Gattung gehörigen Arten besitzen einen langgestreckten, besonders in der Schwanzregion seitlich stark zusammengedrückten Körper und einen nicht sehr großen Kopf, dessen Stirne steil im Bogen zur kurzen Schnauze abfällt. Die Mundspalte ist weit. In den Kiefern stehen starke, derb-kegelförmige Zähne, von denen die seitlichen spitzige Höcker aufweisen. Im Innern des Mundes befinden sich zwei Reihen großer, starker Pflasterzähne. Ihr Gebiß befähigt die Wolfsfische, auch die stärksten und härtesten Gehäuse von Muscheln und Schnecken, die ihnen zur Nahrung dienen, leicht zu zermalmen. Beide Arten, die einander sehr nahe stehen, leben im Eismeer und im nördlichen Teil des Atlantischen Ozeans, von wo sie zu uns regelmäßig eingeführt werden. Ihr Fleisch ist geschätzt.

1. Körperfarbe rauchgrau bis schwarzgrau, mit mehr oder weniger deutlichen schwarzen Querbinden versehen, die aus zahlreichen kleinen Fleckchen bestehen, ... (M) Gemeiner Seewolf, Anarrhichas lupus L., S. 118.

2. Körperfarbe gelblichbraun oder lichtgrau, mit Ausnahme des Bauches mit tiefbraunschwarzen großen Flecken bedeckt.... (M) Gefleckter Seewolf, Anarrhichas minor Müll., S. 119.

137. (M) Gemeiner Seewolf, Anarrhichas lupus L.

Der gemeine Seewolf oder Austernfisch hat einen verhältnismäßig nicht großen Kopf mit steil abfallender Stirn und kleinen, sehr hoch stehenden Augen. Die Lippen sind fleischig und bilden dicke Hautfalten, besonders in den Mundwinkeln. Der mit einer dicken, derben

Haut bedeckte Körper ist von ganz kleinen, schwer sichtbaren, runden, in Zwischenräumen angeordneten Schuppen bedeckt. Die Brustflossen erscheinen groß und abgerundet. Der Seewolf erreicht eine Länge von ungefähr 1 m, manchmal sogar darüber, und ein Gewicht von mehreren Kilogramm. Er findet sich an den Küsten Skandinaviens, Islands und Grönlands.

138. (M) Gefleckter Seewolf, Anarrhichas minor Müll.

Der gefleckte Seewolf, auch „Tigerkatze" genannt, gleicht in seinem ganzen Körperbau und in der äußeren Gestalt dem gemeinen Seewolf; er unterscheidet sich von ihm nur durch die Farbe und dadurch, daß er noch bedeutend größer, bis zu 2 m, wird. Sein Verbreitungsgebiet liegt etwas nördlicher als das der ersten Art. Die größte Masse der für uns in Betracht kommenden Tiere dieser Art wird an der Nordküste Lapplands, im Barentsmeer sowie neuerdings an der Küste der Bären-Insel, gefangen.

h) Unterordnung der Armflosser, Pediculati

Diese Unterordnung ist in den europäischen Gewässern durch die Gattung der Seeteufel, Lophius, vertreten.

139. (M) Seeteufel, Lophius piscatorius L.

Der Körper des Seeteufels oder Anglers ist im Verhältnis zu dem ganz ungeheuerlich großen und breiten Kopf, der nahezu den größten Teil des Tieres bildet, klein und schmal, der Kopf selbst niedergedrückt und mit einer glatten, schleimigen, schuppenlosen Haut bedeckt. An seinem seitlichen Rande und an der Umrandung des Kopfes, besonders am Unterkiefer stehen mehrfach geteilte Hautlappen in einer Reihe, während sich einzelne auf dem Oberkiefer vorfinden und wieder andere auf dem übrigen Kopf und Körper unregelmäßig zerstreut sind. Der sehr breite Mund, dessen Unterkiefer den Oberkiefer beträchtlich überragt, ist mit spitzen, nach einwärts gerichteten Zähnen besetzt. Die verhältnismäßig kleinen Augen stehen oben auf dem Kopfe, blicken jedoch seitwärts. Gleich hinter dem Munde befindet sich auf der Stirne der erste der sechs in der Mittellinie des Kopfes und des Nackens in einer Reihe hintereinander angeordneten, aufrichtbaren Stacheln. Er ist der längste und trägt auf seiner Spitze eine reichgelappte große Hautfahne, die bei den weiter hinten stehenden, auch an Länge abnehmenden Stacheln immer kleiner wird. Die kräftigen Brustflossen, hinter denen die Kiemenöffnung liegt, stehen vom Körper weit ab und können wie Fußstummel zum Aufstützen des Körpers verwendet werden. Rücken- und Afterflosse befinden sich auf dem hinteren Teil des Körpers in der Nähe des Schwanzes. Die erstere hat 9 bis 12, die letztere 8 bis 11 Strahlen. Die Fischer unterscheiden vielfach zwei

Formen, von denen sich die eine durch dunklere, kaffeebraune Färbung von der anderen, lichten unterscheidet. Die letztere hat auch meist weniger Rücken- und Afterflossenstacheln und wird wegen ihres zarten Fleisches höher geschätzt. Die Färbung schwankt übrigens stark. Der Seeteufel, der mehr als 1 m Länge erreicht, ist ein träger, gefräßiger, auf dem Grunde lebender Fisch, der im Schlamme liegend und die aufrichtbaren Stacheln mit den Hautläppchen bewegend seine Beutetiere anlockt. Das Fleisch schmeckt vorzüglich. Die jungen, frei im Wasser schwimmenden Tiere sehen ganz anders aus als die erwachsenen Exemplare.

Die Fische als Lebensmittel

Frische Fische haben den charakteristischen, schwachen, nicht unangenehmen Fischgeruch. Die Hautoberfläche ist glänzend. Die Schuppen lassen sich nur schwer ausziehen[1]) und sind, so wie die Flossen, frei von jedem zähen, bläulichen, schleimigen Überzug; nur der Sterlet, der Wels, die Forelle, der Aal und die Schleie bilden eine Ausnahme von dieser Regel. Das harte, derb-elastische Fleisch haftet fest an den Gräten. Die fast immer lebhaften und durchsichtigen Augen treten hervor. Die Kiemen haben meist eine rote Färbung; Maul und Kiemenspalte sind geschlossen. Der Bauch ist weder aufgetrieben, noch verfärbt. Im Wasser sinkt der Fisch unter.

Verwendung finden beinahe alle Weichteile des Fisches; nur die ihrem Gewichte nach verhältnismäßig recht ansehnlichen, aus Hartgebilden bestehenden Anteile: Schädel, Wirbel, Rippen und Gräten werden meist nicht genossen. Von manchen Fischen ißt man sogar die Augen und Kiemen. Die Eingeweide führen den Namen „Fischbeuschel“ und liefern eine beliebte Suppe. Sehr gesucht sind die Eierstöcke — der „Rogen“ — der Weibchen (Rogner), weniger die Hoden — die „Milch“ — der Männchen (Milchner). Der wichtigste Teil des Fisches ist jedoch das Fleisch, vor allem die in Form des sogenannten „Seitenmuskels“ angeordnete Rumpfmuskulatur. Sie wird durch eine Seitenfurche jederseits in eine mächtigere obere und in eine weniger massige untere Abteilung geschieden. In der Furche verläuft der in seinem Lager von langen, dunkler gefärbten Muskelfasern überdeckte Seitennerv. Bindegewebige, den Wirbelmetameren entsprechende Häute teilen die Seitenmuskulatur in hintereinanderliegende, aus ganz kurzen Muskelfasern bestehende Platten, die Myomeren. Die Bindegewebshäute und Myomeren sind nicht rein quer-, sondern dütenförmig, und zwar mit nach vorne stehender Spitze, angeordnet. Ein senkrechter Durchschnitt trifft daher mehrere solche Platten, die dann auf dem Querschnitte in Gestalt konzentrischer Ringe erscheinen. Bei gelindem

---

[1]) Bei verschiedenen Weißfischen, ferner bei den Renken sowie beim Hering und der Meerbarbe fallen die Schuppen leicht heraus.

Kochen löst sich das Bindegewebe vom Leim; besonders bei den Dorscharten zerfällt der Seitenmuskel hiedurch in flach dütenförmig ineinander gesteckte Platten. Die Muskulatur bildet unten die Bauchwand, oben füllt sie den Winkel zwischen den Rippen und den Wirbeldornen aus und erzeugt die Rückenwölbung. Je muskulöser der Fisch ist, um so ausgesprochener wird die Wölbung, im Hungerzustand flacht sie sich ab oder macht sogar einer seichten Furche Platz. Besonders geschätzt ist der Kaumuskel, eine kleine Muskelplatte, die sich vor dem Kiemendeckel zwischen Augenhöhlenrand und Unterkiefer ausdehnt. Der Gebrauchswert eines Fisches wird auch von seinem Gehalt an „Gräten" bestimmt. Als solche sind praktisch die feinen, Y-förmigen Knochenspangen anzusprechen, die nichts anderes als zwischen den Myomeren liegendes verknöchertes Bindegewebe darstellen. Zu den weit weniger gefürchteten, gröberen Knochenspangen zählen die an ihrer Gestalt leicht kenntlichen Rippen, die als Stützelemente der Rückenflosse zwischen den Wirbeln eingeschalteten Flossenträger und die ihnen aufgelagerten Flossenstrahlen und -stacheln. Am meisten Gräten enthalten die karpfenartigen Fische (S. 60), mit Ausnahme des Karpfens, und unter diesen wiederum der Brachsen (S. 67) und die Barbe (S. 65); auch der Flußbarsch (S. 96) besitzt ein sehr grätiges, wenngleich schmackhaftes Fleisch. Nach der Beschaffenheit des Fleisches kann man die Fische, allerdings ziemlich willkürlich, in „fettreiche" und „fettarme" einteilen. Zu den ersteren gehören der Wels (S. 79), Aal (S. 80), Lachs (S. 55) und Hering (S. 43), zu den fettarmen z. B. der Zander (S. 96), der Schellfisch (S. 87), der Kabeljau (S. 86), die gemeine Seezunge (S. 112) und die Flunder (S. 113). Die fettarmen gelten für leichter verdaulich als die fettreichen. Die notorische Schwerverdaulichkeit des Aales rührt von der Menge seines Fettes her, die (28%) weitaus den Fettgehalt anderer Fische (Hecht 0,5%) überragt. Die Färbung des Fischfleisches ist in der Regel wegen des relativ geringen Blutgehaltes weißlich; Ausnahmen bilden der Lachs (S. 55) und der Saibling (S. 54), die rötliches Fleisch besitzen. Von den Lachsen schmeckt am besten der Rheinlachs, dann folgen der Weichsel-, Weser-, Elb- und Ostseelachs. Das Fleisch der Äsche (S. 51) zeigt einen schwachen Gurkengeruch. Auch das Laichen beeinflußt die Güte des Fischfleisches; am fettesten und schmackhaftesten ist es vor der Laichzeit, verhältnismäßig fettarm, wässerig und minderwertig knapp nachher. Darum fängt man die Fische am besten zwischen zwei Laichperioden.

Im allgemeinen enthält das Fischfleisch mehr Wasser als das der Säuger; nur bei fettreichen Fischen, z. B. beim Aal, sinkt der Wassergehalt auf 55 bis 60 Prozent. Ein bedeutender Anteil des Stickstoffes ist in Form von leimgebenden Stoffen zugegen. Das Fett findet sich im Fleisch fein verteilt oder erscheint in der Bauchhöhle im Gekröse und in der Leber abgelagert.

Der Geschmack der Fische kann durch verschiedene Umstände ungünstig beeinflußt werden. So ist bekannt, daß der Aufenthalt in Sümpfen und sumpfigen Gewässern, wo sich wenig Gelegenheit zu ausgiebiger Bewegung bietet, dem Fischfleisch einen schlammigen Geschmack verleiht, der wieder schwindet, wenn man die Fischbehälter in fließendes Wasser hängt. Die Beimengung von Fäkalien zum Fischwasser erzeugt einen ekelerregenden Geschmack, ebenso die Gegenwart verschiedener chemischer Präparate und ähnlicher Stoffe, die in das Fischfleisch übergehen, z. B. Petroleum und Teer. Sicher ist auch, daß die Zusammensetzung des Futters die Qualität der Fische beeinflußt, eine nicht nur von Feinschmeckern bezeugte Tatsache. Bachforellen, die monatelang mit Warmblüterfleisch, besonders Pferdefleisch, gefüttert werden, verlieren nach und nach ihren Wohlgeschmack. Karpfen, die man in luft- und nahrungsarmen Teichen mit übermäßigen Mengen von fettreichem Futter, wie Mais, Ölkuchen usw. füttert, setzen große Mengen von unangenehm schmeckendem Fett an.

Auch das Fleisch gefrorener und wieder aufgetauter Fische ist dem frischen Fischfleisch gegenüber oft als nicht gleichwertig zu bezeichnen. Dies gilt jedoch nicht von den meisten Gadidenarten, wie sie durch die Hochseefischerei angelandet werden.

Produktions- und Handelsverhältnisse

Die Fische werden entweder, namentlich aus den reichen Vorräten des Meeres, ohne Rücksicht auf den Nachwuchs, aber immerhin nach einem gewissen System und mit in steter Entwicklung begriffenen Hilfsmitteln gefangen, oder der Mensch nimmt durch künstliche Zuchtwahl, durch Regelung der Vermehrung und durch Fütterung Einfluß auf ihre fortdauernde Vermehrung usw. Manche Fische, wie z. B. der Karpfen, zum Teil auch die Forellen, sind beinahe Haustiere. Je nach Art der Beschaffung der zum menschlichen Genuß bestimmten Fische unterscheidet man: 1. Seefischerei. Für Österreich sind, was frische Fische betrifft, nur das Adriatische Meer, der Atlantische Ozean und vor allem die Nord- und Ostsee von wesentlicher Bedeutung. Das Adriatische Meer ist reich an Fischarten, aber ärmer an Individuen, außerdem wird dort der Massenfang mit Schleppnetzen durch die Bodenbeschaffenheit erschwert. In größeren Mengen werden die Thunfische, Makrelen und vor allem Sardellen gefangen, die man aber zum größten Teil auf Konserven verarbeitet. Da fast die ganze Ausbeute schon in den Küstenstädten Absatz findet, gelangt bloß ein Teil in die Binnenstädte. Die Nordsee besitzt zwar weniger Arten, dafür aber mehr und teilweise größere Individuen; auch ist daselbst der Fang mit Schleppnetzen und Dampfbetrieb eingeführt, der die Gestehungskosten so weit herabdrückt, daß sich selbst ein sehr weiter Transport als rentabel erweist. Den relativ billigen Preisen verdanken die Nordseefische, daß sie selbst bei uns nach und nach zu einem Volksnahrungsmittel werden. In Österreich gelangen an Seefischen hauptsächlich Gadusarten, wie Kabeljau, Schellfisch, Köhler und Lengfisch, der Angler, frische („grüne") Heringe, Goldbarsch, ferner Plattfische, wie Heilbutt, Scholle, Rotzunge usw. zum Verkauf; sie stammen aus der Nord- und Ostsee, aus den isländischen Gewässern und sogar aus dem Barentsmeere und dem Weißen Meer. 2. Binnenfischerei. Die Binnenfischerei wird in allen größeren Flüssen und Seen bald berufs-, bald sportmäßig geübt. Den Fischbestand erhält man durch den Einsatz von Jungfischen und die Anlegung von Laichplätzen. 3. Teichwirtschaft und Fischzuchtanstalten. Ihr Gegenstand ist die systematische Ausnutzung der Wasserflächen durch rationelle Karpfen- und Salmonidenzucht; gelegentlich werden auch Hechte, Zander und Schleien gezogen. Bei der Karpfenzucht bringt man die Männchen und Weibchen zur Laichzeit in bestimmten Teichen zusammen; die Ablaichung und Befruchtung ist eine freiwillige. Die Produktion von Karpfenfleisch wird durch die Bewirtschaftung des Bodens und die dadurch geförderte Erzeugung von Naturfutter günstig beeinflußt. Häufig füttert man künstlich. Bei der Salmonidenzucht pflegt man künstliche Ablaichung, Befruchtung und Ausbrütung anzuwenden, auch spielt bei ihr die künstliche Fütterung eine sehr große Rolle.

Die Fische kommen, insoweit sie nicht auf Konserven verarbeitet werden (S. 122), je nach ihrer Art und nach dem Geschmacke der Käufer entweder lebendig oder tot (auch gefroren) auf den Markt. Das erstere ist der Fall bei Karpfen und Forellen, die in totem Zustande nahezu unverkäuflich sind, dann bei den Weißfischen und Schleien, seltener bei den Hechten, alles dies Fische, die teils den Gegenstand einer geregelten Fischzucht bilden, teils mit Netzen in großen Massen und ohne besondere Schwierigkeit gefangen oder bei der Abfischung als Nebenprodukte erhalten werden. Bei anderen Fischen, die sich lebend nur schwierig befördern lassen, wie z. B. beim Wels, Sterlet, Schill und bei den zahlreichen Seefischen ist das weitverbreitete Vorurteil gegen jede Art toter Fische längst geschwunden. Die Seefische gelangen überhaupt nur tot zum Verkauf. Jedoch ist in letzter Zeit auch die Abneigung gegen den Verkauf toter Süßwasserfische sehr geschwunden. Die toten Süßwasserfische, einschließlich des eingeführten Zanders (S. 96), und die Adriafische werden unausgeweidet gehandelt. Eine Ausnahme bilden die sehr großen Arten, wie z. B. Wels und Thunfisch, die man zerstückelt und in einzelnen Stücken feilzuhalten pflegt. Die Nordseefische sind bis auf den Knurrhahn (S. 117) durchwegs ausgeweidet; viele, z. B. der gemeine Seewolf (S. 118), Goldbarsch (S. 93), Kabeljau (S. 86) und Köhler (S. 88), kommen ohne Kopf, einige abgezogen in den Handel. Eine große Rolle spielt bei den Marktfischen das Lebensalter; alte Fische haben ein trockeneres und zäheres, aber in der Regel fettreicheres Fleisch als junge. Die Forellen (S. 56) werden daher häufig schon als zweijährige „Portionsfische", die Karpfen (S. 62) meist als drei- und vierjährige Tiere verkauft. Der Züchter rechnet übrigens nach Sommern und spricht von ein-, zwei- und dreisömmerigen Fischen, weil sie hauptsächlich in dieser Jahreszeit ein deutliches Wachstum zeigen.

Der Verkauf der Marktfische unterliegt insofern gewissen Einschränkungen, als gesetzliche Schonzeiten bestehen[1]) und gewisse Minimalgrößen („Brittelmaß") vorgeschrieben werden. Die Schonzeiten fallen mit den Laichperioden zusammen und sollen den Mutterfischen die ungestörte Ausbildung und Ablage des Laiches ermöglichen. Die Vorschrift, daß „untermaßige" Fische nicht marktgängig sind, bezweckt die Erschwerung der Raubfischerei.

Die lebenden Marktfische werden gewöhnlich so geschlachtet, daß man sie durch einen wuchtigen Schlag mit einem stumpfen Gegenstand (einem Gewicht, Holzklotz oder dergleichen) betäubt und dann sofort zerstückelt oder mindestens ausweidet. Geangelte Fische tötet man durch die Abknickung des Kopfes und die dadurch bedingte Zerstörung des verlängerten Rückenmarks. In Holland, wo den Fischen die Wirbelsäule durchschnitten wird, pflegt man die Tiere unmittelbar nach dem Schlachten noch mit mehreren Querschnitten zu versehen. Aale betäubt man am besten zuerst, indem man sie mit beiden Händen faßt und energisch auf den Boden wirft. Sodann schneidet man das verlängerte Mark durch. Man setzt das Messer unmittelbar hinter den Kopf, vor den Brustflossen, quer über und treibt es mittels eines Schlages durch die Wirbelsäule. Der Tod tritt augenblicklich ein. Vielfach wird außerdem das Rückenmark durch einen in den Wirbelkanal eingeführten Draht zerstört. Das Abziehen der Haut der lebenden Tiere gehört zu den verwerflichsten Grausamkeiten.

Nicht alle Fische eignen sich zum menschlichen Genuß. Es gibt von Natur aus giftige Fische und Fischteile neben solchen, die erst unter dem Einfluß äußerer Faktoren, einzelner Fischkrankheiten, akut wirkender Gifte und der Fäulnis, gesundheitsschädlich geworden sind, und man hat auch zwischen sehr verschiedenen Kategorien der zwar nicht giftigen, aber zum Genusse untauglichen Fische zu unterscheiden, zu deren wichtigsten die kranken lebenden Fische, die an gewissen Fischkrankheiten verendeten Tiere, die unter dem Einfluß übelriechender Stoffe (S. 122) ungenießbar gewordenen Fische und endlich jene gehören, deren Fleisch infolge beginnender Fäulnis ungenießbar ist.

Der Rogen der Barben ruft nach verbürgten Beobachtungen Vergiftungserscheinungen in Form von Erbrechen und Diarrhöe hervor; ähnlich soll sich gelegentlich der allerdings nur selten als Nahrungsmittel verwendete Laich der Weißfische, Hechte usw. verhalten.

---

[1]) Bezüglich der gesetzlichen Schonzeiten und Minimal- (Brittel-) Maße für Fische in Österreich wird auf die in den einzelnen Bundesländern herausgegebenen Fischerkarten und -büchel verwiesen.

Die Aale (S. 80) führen in ihrem Blutserum ein eigentümliches Gift, das wie Schlangengift wirken kann, wenn es, z. B. bei Verletzungen, in die Blutbahn des Menschen gelangt. Bei der Aufnahme durch den Magen tritt keinerlei schädliche Wirkung ein; Kochen zerstört das Gift.

Im frischen Flußneunauge (S. 31) wurden ähnliche Körper nachgewiesen. Manche Fische sind an bestimmten Stellen mit Giftdrüsen ausgestattet, z. B. die Meeraale (S. 81) am Gaumen, der Knurrhahn (S. 117) an den Stacheln der Kiemendeckel, verschiedene Rochen, wie die wenig geschätzten Adlerrochen und Stechrochen an den Schwanzstacheln, das Petermännchen (S. 118) an der vorderen Rückenflosse und an den Kiemendeckeln, der Drachenkopf (S. 115) an vielen scharfen Stacheln. Auch tote Fische dieser Art können zu Vergiftungen Anlaß geben, weshalb die Giftstacheln vor dem Verkaufe entfernt werden müssen.

Gesundheitsschädlich sind Fische, die Finnen des breiten Bandwurmes oder Grubenkopfes (Diphyllobothrium latum L.) enthalten. Sie leben in den Organen, vorzugsweise im Muskelfleische des Hechtes, Barsches, Zanders und Lachses, der Rutte, Forellen, Äsche, Maräne usw. Die Finne entwickelt sich aus einer bewimperten Larve, die nach der Sprengung des Eideckels aus dem Ei herausschlüpft, im Wasser herumschwimmt und nach Passieren eines Zwischenwirtes (niedere Krebstierchen) schließlich von Fischen aufgenommen wird. Sie durchbohrt die Darmwand und wächst an verschiedenen Standplätzen zu der bis 30 mm lang werdenden Finne (Plerocercoid) heran, deren besonderes Kennzeichen das Fehlen einer Schwanzblase bildet. Gerät die Finne mit ungenügend gekochtem Fischfleisch in den Darm von Menschen, Hunden und Katzen, so wächst sie dort zum gefährlichen Darmschmarotzer heran. In Österreich kam der Wurm übrigens bisher nur höchst selten vor. Der Katzenegel, Opisthorchis felineus, kommt in seiner Jugendform bei der Plötze (S. 73) und anderen Weißfischarten, als geschlechtsreifes Individuum bei der Katze und dem Menschen vor, jedoch bisher nur beobachtet in Ostpreußen, Frankreich, Holland, Rumänien und besonders in Sibirien. Alle übrigen Fälle dieser Gruppe, auch die Übertragung einiger infektiöser Fischkrankheiten, wie z. B. der ulcerativen Septikämie der Goldfische, verschiedener Arten von Bacillus piscidus usw. auf den Menschen haben für die heimischen Lebensverhältnisse keinerlei praktische Bedeutung, einmal, weil man solche Infektionen bisher im Inland nicht beobachtet hat, dann aber auch, weil die bei uns übliche Zubereitungsart selbst unter ungünstigen Verhältnissen jede Infektionsgefahr ausschließen dürfte; zudem wird ein großer Teil der hier in Betracht kommenden Fische bei uns überhaupt nicht gegessen. Daß die typischen Infektionskrankheiten der Warmblüter im allgemeinen und des Menschen im besonderen auf oder durch Fische übertragen worden wären, hat noch niemand beobachtet.

Sehr häufig kommt es in den freien Gewässern zu Fischvergiftungen durch die Abwässer der industriellen Betriebe. Entweder handelt es sich hiebei um die unmittelbare Einwirkung giftiger Stoffe oder um die Erstickung der Tiere infolge von Sauerstoffmangel, der durch die Fäulnis großer Mengen von organischer Substanz bedingt wird. Das beiden Fällen gemeinsame Symptom ist das plötzliche Absterben einer großen Anzahl von Fischen der verschiedensten Art. Wegen der Schwierigkeit, in Kadavern solcher Herkunft rasch und sicher die Todesursache zu ermitteln, dann mit Rücksicht auf den Umstand, daß vom Massensterben herrührende Fische nicht nur leicht in Fäulnis übergehen, sondern auch meist schon längere Zeit im Wasser gelegen haben, ehe sie in den Verkehr gelangen, gelten sie mit Recht ganz allgemein für gesundheitsschädlich. Eine Ausnahme kann nur zugelassen werden, wenn die Ursache eines Fischsterbens unzweifehaft feststeht und sanitär harmloser Natur ist. Hieher gehört die Verbrühung durch zufälliges Eindringen heißen Wassers in einen Teich, die durch Fischdiebe bewirkte Tötung mit in Flaschen eingeschlossenem Ätzkalk, Dynamitpatronen oder Handgranaten und die Erstickung unter dem Einflusse starker Besonnung in seichten Gewässern. Durch Sprengmittel getötete Fische haben eine geborstene Schwimmblase. Durch Kokkelskörner getötete Fische schmecken bitter; auch Vergiftungen sind nach deren Genuß vorgekommen.

Der Genuß durch Fäulnis giftig gewordener Fische kann beim Menschen Krankheitserscheinungen hervorrufen. Über die Ätiologie dieser keineswegs einheitlichen Krankheiten, die im wesentlichen bakterieller Natur sind, ist derzeit noch kein irgendwie abschließendes Urteil möglich. Es muß aber mit größtem Nachdruck vor dem Genuß nicht ganz frischer Fische gewarnt werden.

Noch schwieriger, weil in hohem Grade vom subjektiven Empfinden des Konsumenten abhängig, ist die Umschreibung des Begriffes „verdorben". Daß dieser Kategorie alle an Fischkrankheiten verendeten Tiere zuzuzählen sind, kann namentlich, wenn sie deutlich sichtbare Kennzeichen einer Erkrankung in Form von Abszessen, eitrigen Exsudaten in der Bauchhöhle, Verpilzung, Schuppensträubung, hochgradigem Auftreten von Pocken und dergleichen aufweisen, nicht zweifelhaft sein, auch noch lebende, aber schon schwer kranke Tiere dieser Art werden als verdorben angesehen werden müssen. Nicht so klar liegen dagegen die Verhältnisse dort, wo lediglich vereinzelte Krankheitserscheinungen auftreten, und bei den „faulen" Fischen, es sollen daher die diesbezüglichen Merkmale an kompetenter Stelle (S. 134) eingehender beschrieben werden. Hier sei zur Vermeidung von Mißverständnissen nur bemerkt, daß lebende Fische mit einer leichten Rötung des Bauches oder einer geringen Zahl von Pocken, dann Fische, bei deren Zubereitung alle krankhaften Teile entfernt werden, wie z. B. solche, die an Diplostomiasis (S. 132) und Ichtyophthirius (S. 132) leiden, oder von Ektoparasiten, wie Piscicola, Argulus und den verschiedenen Protozoen befallen sind, endlich Tiere mit Knötchen auf den Kiemen (Myxosporidien) nicht vom Verkehr ausgeschlossen werden brauchen. Die Gadusarten (S. 86), die in der Bauchhöhle und Muskulatur häufig Ascaris capsularia (S. 133) beherbergen, kann man nach Entfernung der Eingeweide unbedenklich essen, wenn ihr Vorkommen auf die Bauchhöhle beschränkt ist. Von Tetrarhynchuscysten (S. 133) gilt das gleiche. Da die Kabeljauarten stückweise verkauft werden, findet man gelegentlich, daß Askariden bloß in einzelnen Partien vorkommen, während andere davon vollständig frei sind. Fische mit Coccidien in der Schwimmblase sind gleichfalls konsumfähig, wenn dieses Organ früher entfernt wird. Bezüglich der ohnehin nur selten vorkommenden Geschwülste ist zu bedenken, daß bis jetzt kein einziger einwandfreier Fall von Metastasenbildung bei Fischen vorliegt; die Geschwülste stellen örtliche Erscheinungen dar und sind durch Genuß nicht übertragbar. Es empfiehlt sich, kleinere Fische mit Geschwülsten vom Markte auszuschließen, größere Tiere können nach Entfernung eventuell vorhandener kleiner Geschwülste unbedenklich freigegeben werden. Beulenkranke Barben (S. 130), deren Fleisch infolge der Erkrankung gelblich geworden ist und bitter schmeckt, werden ebenfalls als verdorben anzusehen sein. Der namentlich von den Laien oft als untrügliches Kennzeichen der Fäulnis angesehene üble Geruch verführt leicht zu Trugschlüssen, denn es gibt viele Menschen, die jeder Fischgeruch anwidert, und manche Fische, die auch in vollständig tadellosem Zustand stark riechen. Ein Fisch ist erst dann durch Fäulnis verdorben, wenn er alle oder doch die meisten Merkmale der Verderbnis aufweist.

Hier ist auch der Ort, die beim Transport durch Erstickung zugrunde gegangenen Fische zu erwähnen. Sie können, sofern sie frisch sind, nicht als genußuntauglich angesehen werden, wenn sie auch dem Verderben leichter verfallen als lebend geschlachtete.

Fälschungen, Nachmachungen und dergleichen unlautere Verfahrensarten kommen auf dem Gebiete des Fischhandels kaum in Betracht, wohl aber tauchen zeitweise Bezeichnungen auf, die im reellen Verkehr nicht als zulässig anerkannt werden. Mit Rücksicht auf den Umstand, daß es sich hier um ein Gebiet handelt, auf dem nicht nur die streng wissenschaftliche, sondern auch die Handelsnomenklatur noch immer stark schwankt, lassen sich aber nur wenige Warenbezeichnungen klar abgrenzen. Als Grundsatz hat hiebei vorläufig zu gelten, daß im allgemeinen die Anwendung des Namens einer teureren Fischart zur Bezeichnung einer billigeren unstatthaft ist, es sei denn, daß das Herkommen einen solchen Mißbrauch stillschweigend sanktioniert hätte.

Unter diesen Gesichtspunkten wird der Verkauf von Köhler (S. 88) als Seelachs, dann von Regenbogenforelle (S. 58) als „Teichlachs" zwar nicht zu empfehlen, aber auch nicht zu beanstanden sein, während der Verkauf von Leng (S. 89) und Dornhai (S. 35) als Seeaal (S. 81), von Knurrhahn (S. 117) und Makrele (S. 106) als Seeforelle (S. 57) oder „portugiesische" Forelle, von Kabeljau (S. 86) als „Seeschill" schlechtweg, von Schleihe (S. 64) als „Schleihforelle" und von Goldbarsch oder Rotbarsch (Bergilt, S. 93) als „Seekarpf" unzulässig ist.

Desgleichen ist der Verkauf gefrorener und wieder aufgetauter Edelfische (Zander, Lachse) als frische Fische als unzulässig anzusehen.

2. Probeentnahme

Bei der Probeentnahme aus Fischsendungen oder -vorräten ist zwar auch die allgemeine Beschaffenheit zu berücksichtigen, im wesentlichen aber doch auf den Zustand, in dem sich die einzelnen Individuen befinden, das Hauptgewicht zu legen. Es wird in der Regel natürlich nicht möglich sein, alle Fische zu untersuchen; man fahndet daher von vornherein nach „verdächtigen" Exemplaren. Bei lebenden Fischen sind dies jene, die träges Benehmen, Seitenlage, Abszesse unter der Haut, Rotfärbung des Bauches usw. zeigen. Bei toten Fischen beschränkt man sich auf die Auswahl von Stichproben, die nach dem Aussehen, Geruch usw. zusammengestellt werden. Ist eine Versendung der Muster notwendig, so muß man Eispackung anwenden und dafür sorgen, daß die Sendung so schnell wie möglich das Ziel erreiche. Die Untersuchung derartiger Proben hat in der Untersuchungsstelle stets sofort zu geschehen.

3. Untersuchung

Die Untersuchung der Fische bezweckt im Sinne der auf S. 122 gegebenen Darlegungen neben der Identifizierung der Art und eventuell des Alters in den meisten Fällen nur die Feststellung eines sanitär einwandfreien Gesundheitszustandes der Tiere und ihrer „Frische". Ausnahmsweise kommt auch die Prüfung auf Gifte in Betracht. Diese Arbeiten gehören zu den relativ schwierigsten Problemen der Untersuchungstechnik, weshalb ihre erfolgreiche Durchführung stets ein gutes Stück persönlicher Übung und Erfahrung zur Voraussetzung hat.

A. Allgemeine Prüfung

I. Zoologische Bestimmung

Man bedient sich des für diesen Zweck auf S. 31 mitgeteilten Schlüssels, dessen Fortsetzung jeweilig am Schlusse der Beschreibungen der Unterordnungen, Familien und Gattungen abgedruckt erscheint.

II. Abschätzung des Alters

Zur Beurteilung des Alters können folgende Gesichtspunkte herangezogen werden:

a) Das Körpergewicht und die Länge. Wie aus der folgenden Tabelle zu ersehen ist, gibt es je nach der Ernährung ganz bedeutende Abweichungen, so daß gleichalterige Fische leicht um ein Jahr älter oder jünger zu sein scheinen:

Anhaltspunkte für das Alter einiger Fische:

Jahrgänge (Sommer)	1	2	3	4
Karpfen............	20—100 g	250—500 g	1—1$^1/_2$ kg	2—2$^1/_2$ kg
Schleie.............	5— 10 „	30— 50 „	250 g	—
Bachforelle	8— 12 cm	12—15 cm	25 cm, 250 g	—
Regenbogenforelle ...	12 „	22—28 „	27 „ , 100 g	—

b) Das Aussehen der Schuppen gibt beim Karpfen oft brauchbare Anhaltspunkte. Das Wachstum des Körpers äußert sich nämlich in einer gewissen Felderung der Schuppen, die besonders gut zu erkennen ist, wenn man die Schuppe gegen das Licht hält. Ein dreisömmeriger Karpfen zeigt ein im ersten Jahr gebildetes zentrales Feld, um dieses herum einen Streifen, der dem zweiten, und einen äußeren Rand, der dem dritten Sommer entspricht.

c) Knochen und Gehörsteine. Ähnliche konzentrische Jahresringe wie bei den Schuppen finden sich noch in den Querschnitten der Knochen, z. B. beim Huchen und in den Gehörsteinen vieler Fische. Selbstverständlich empfiehlt es sich, bei der praktischen Prüfung immer mit Vergleichsobjekten bekannten Alters zu arbeiten.

III. Entscheidung der Frage, ob ein verendetes oder geschlachtetes Tier vorliegt

Es läßt sich nur ausnahmsweise nachträglich feststellen, ob ein Fisch umgestanden, d. h. eines natürlichen Todes gestorben, oder getötet worden ist. Im letzteren Falle „klaffen" eventuell vorhandene Wundränder. War die Schlachtung mit Verletzungen verbunden, so würden die Blutaustritte in der Umgebung der Wunden dafür zeugen, daß das Tier bis zu diesem Zeitpunkte tatsächlich gelebt hat. Weitere Kennzeichen in einer oder in der anderen Richtung fehlen.

IV. Ermittlung von Fischkrankheiten

a) Vorbereitung der Proben

Zur Prüfung auf die Gegenwart mikroskopisch kleiner Hautparasiten kratzt man etwas von dem Schleim der Hautoberfläche mit dem Skalpell ab, überträgt die Masse auf einen Objektträger und fügt Wasser hinzu; die Anwendung eines Deckglases ist oft entbehrlich.

Zur Untersuchung der Kiemen greift man mit dem stumpfen Blatt einer starken Schere unter den Deckel und kappt das freie Ende ab, so daß dann die einzelnen Blätter abgeschnitten und besichtigt werden können. Die inneren Organe legt man folgendermaßen frei: Die Bauchkante wird vor dem After durch einen kurzen Scherenschlag quer durchgekneipt und dadurch die Bauchhöhle eröffnet. Mit dem stumpfen Blatt einer geknöpften Schere geht man in den Schlitz ein und schneidet in kurzen Schlägen nach vorne bis zum Schultergürtel. Nun muß von demselben Punkte aus in einem zur Wirbelsäule konvexen Bogen gegen den Schultergürtel hin ein zweiter Schnitt geführt werden, der auch die Rippen durchtrennt. Es fällt ein Fenster heraus, das dem Beschauer die Bauchorgane zugänglich macht. Das Herz wird erst freigelegt, wenn man den Schultergürtel oben durchkneipt, nach abwärts hebelt und in der Mittellinie auslöst. Man achte dabei auf ein etwa vorhandenes Exsudat in der Bauchhöhle und auf die Beschaffenheit des Darmes. Von der Niere, die sich z. B. beim Karpfen in einem Lappen zwischen den Schwimmblasenabteilungen nach abwärts drängt, und von der Leber empfiehlt es sich, Quetschpräparate herzustellen.

b) Symptome der einzelnen Krankheiten

1. **Befall mit Diphyllobothrium latum L.** — Man vgl. S. 125.

2. **Furunkulose der Salmoniden.** Diese Krankheit wird durch Bacterium salmonicida Em. et W. hervorgerufen und ist äußerst ansteckend. Es treten in der Muskulatur hämorrhagische Herde auf, die sich vergrößern, dann verflüssigen und schließlich nach der Oberfläche zu in Form von Geschwüren mit blutigem Grund aufbrechen. Daneben machen sich als Zeichen der Allgemeininfektion schwere Darmentzündungen bemerkbar, die noch vor der Bildung der Geschwüre zum Tode führen können. Salmoniden, die sich im Anfangsstadium der Erkrankung befinden, zeigen noch keine Hautveränderungen.

3. **Rotseuche der Karpfen.** Das Bacterium cyprinicida Plehn erzeugt neben heftigen Injektionen der Hautgefäße Hämorrhagien und damit im Zusammenhange Rotfärbung des Bauches und der Flossen. Die Rotseuche tritt hauptsächlich in Winterbehältern auf und verläuft chronisch; auch hier kommt es häufig zu einer Darmentzündung. Von Bedeutung sind für die Beschau nur die Hauterscheinungen; aus den Veränderungen des Darmes nicht vollständig frischer Fische Schlüsse zu ziehen, ist nicht angezeigt, da sofort nach dem Tode die Selbstverdauung beginnt.

Ähnliche Krankheiten treten bei Aalen, den Lachsarten und den Rotaugen auf; bei letzteren wurden sie als „Gelbseuche“ beschrieben.

4. **Beulenkrankheit der Barben,** eine durch Myxosporidien, den Myxobulus Pfeifferi, verursachte Infektionskrankheit, bei der als

charakteristisches Merkmal Beulen in der Muskulatur beobachtet werden, die sich nach außen vorwölben und schließlich durchbrechen. Das Fleisch solcher Tiere schmeckt im späteren Stadium der Krankheit bitter.

5. **Fleckenkrankheit des kalifornischen Bachsaiblings** (S. 55), eine Infektionskrankheit bisher unbekannten Ursprungs, die sich im Auftreten von mattgrauen Flecken am Körper und in der Ablösung der Oberhaut äußert.

6. **Trübung der Haut.** Die normalerweise durchsichtige Hautoberfläche erscheint häufig infolge des Zerfalles der Epithelzellen getrübt. Die Ursache kann eine verschiedene sein: a) Pockenkrankheit (siehe unten) geringeren Grades, b) Erkältungskrankheiten. Fische, besonders Karpfen, die plötzlichen Temperaturerniedrigungen ausgesetzt werden, gehen mitunter apoplektisch zugrunde, oder es kommt mindestens zum Zerfall und zu einer Trübung der Epidermis. In höhergradigen Fällen kann auch die Cutis in Mitleidenschaft gezogen und in Fetzen abgestoßen werden. c) Parasiten. Eine große Anzahl von Parasiten setzt sich an der Hautoberfläche fest und bringt die Oberhaut durch den ausgeübten Reiz und die Lebensprozesse zum Zerfall. Von Protozoen seien genannt: Costia necatrix Hen., ein sehr kleines, 15 μ messendes Geißelinfusorium mit zwei langen, zur Festsetzung dienenden Schleppgeißeln. Chilodon cyprini Moroff., ein viel größeres, herzförmiges, und Cyclochaeta Domerguei, ein schön geformtes, radförmiges, mit Wimperkränzen ausgestattetes Wimperinfusorium. Von parasitischen Würmern bedingt der Gyrodaktylus elegans v. Nordm., ein 1 mm langer Trematod mit einer Haftscheibe und einem Hakenkranz am hinteren Ende, Hauttrübungen. Er tritt besonders bei Aquariumfischen auf und verursacht eine Auffaserung der Flossensäume. Die Hauttrübungen, die durch diese Parasiten bedingt werden, sind übrigens oft so geringfügig, daß sie im Wasser erst sichtbar werden, wenn man den Fisch entlang sieht.

7. **Wucherungen der Haut** bedingt die Pockenkrankheit (Epithelioma papulosum). Bei Karpfen kommen häufig endemisch Auflagerungen in Form einer weißen, der Haut fest anhaftenden, bei größerer Dicke bröckeligen Masse vor. Sie sind bald inselförmig, bald breiten sie sich über größere Flächen aus. Mikroskopisch bestehen sie aus lauter Epithelzellen. Streift man den Belag ab, so tritt wegen der Zerreißung der hineinwuchernden Gefäße die blutende Unterhaut zutage. Die Auflagerungen verleihen dem Fische ein unappetitliches Aussehen, weshalb man sie häufig vor dem Verkauf durch Abstreifen entfernt; die blutende Fläche verrät aber die kranken Stellen leicht.

8. **Hämorrhagien der Haut und der Kiemen** sind keine besondere Krankheit, sondern nur ein Symptom; man wird daher beim Vorhandensein solcher weitere Untersuchungen anstellen müssen.

9. **Geschwüre.** Außer bei Furunkulose und Beulenkrankheit

treten bei den Hechten Geschwüre mitunter spontan, ja sogar epidemisch auf, und zwar in Begleitung einer leichten Darmentzündung. Ein eitriger und nekrotischer Belag des Geschwürgrundes fehlt, weil die auf dem Geschwürgrund entstehende Masse von dem umgebenden Wasser fortwährend weggespült und so die Fläche rein gehalten wird. Die zutage liegende lebhaft rote Muskulatur täuscht das Aussehen einer frischen Wunde vor.

10. **Schuppensträubung der Weißfische** (Lepidorthosis contagiosa). Charakteristisch für diese Krankheit ist die Ansammlung von Exsudat in den Taschen an der Unterseite der Schuppen, wodurch letztere aus ihrem Lager gehebelt, „gesträubt" werden. Die Erkrankung geht von Verletzungen, Schuppendefekten, Geschwüren aus, verbreitet sich in die Umgebung und kann schließlich den ganzen Fisch befallen. Sie tritt auch als Infektionskrankheit auf, die durch das Bacterium pestis astaci Hofer et Albrecht verursacht wird.

11. **Pusteln von Ichthyophthirius multifiliis Fouquet.** Dieses Wimperinfusorium befällt mitunter Aquarienfische und die Brut von Salmoniden, Karpfen und Schleien epidemisch, indem es sich in ihre Oberhaut einnistet und daselbst 1 mm große weiße Pusteln bildet. Bei gehäuftem Auftreten kann sie den Tod kleiner Individuen verursachen. Mitunter findet sich Ichthyophthirius auch bloß auf den Kiemen.

12. **Diplostomiasis.** Sie befällt hauptsächlich die Weißfische, und zwar mit Vorliebe den gemeinen Nässling (S. 77) und äußert sich in Form schwarzer Flecken in der Lederhaut. Der Fisch sieht aus, als wäre er mit Tusche bespritzt worden. Im Zentrum ist schon mit freiem Auge eine kleine Zyste sichtbar, die einen 1 mm langen Saugwurm, das Diplostomum cuticola (v. Nordm.), enthält.

13. **Anderweitige Parasitenerkrankungen.** Von Hautschmarotzern seien noch erwähnt: Argulus foliaceus L. und Piscicola geometra L. Ersterer, die Karpfenlaus, gehört zu den niederen Crustaceen und bringt den Fischen Verletzungen bei, die in der Form an Flohstiche erinnern. Letzterer, der Fischegel, hat das Aussehen des Blutegels und erzeugt ganz ähnliche Wunden.

14. **Verletzungen.** Bei den verschiedenen Fangmethoden geht es naturgemäß nicht ohne Beschädigungen ab. Hieher gehören vor allem die Schuppendefekte, Abschürfungen der Haut, Lädierungen der Flossen und so weiter, die vom Fang mit Netzen, besonders mit dem Dreispiegelnetz, herrühren, ferner die Verletzungen mit der Angel. Sehr häufig beobachtet man das Hervortreten eines Auges, das durch einen Bluterguß hinter den Bulbus als Folge der Verletzung eines Gefäßes durch den Angelhaken bewirkt wird.

15. **Verpilzung.** Auf wunden Stellen lebender Wassertiere, seltener auf geschwächten Individuen überhaupt, siedeln sich unter Umständen verschiedene, in Form von Sporen im Wasser suspendierte

Pilzarten, hauptsächlich Saprolegniaceen, an und entwickeln sich dort zu einem dichten Netzwerk oder zu Fäden, die wie Büschel schmutziger Watte aussehen. Sie haben bloß die Bedeutung einer Begleiterscheinung. Pilze (Branchiomyces sanguinis) können beim Karpfen auch in den Blutgefäßen der Kiemen schmarotzen. Die Fische gehen rasch und in Massen daran zugrunde.

16. **Abszeßartige, rahmige Herde im Fleisch.** Sie sind mitunter auf die Anwesenheit von Mikrosporidiensporen zurückzuführen, die nicht viel größer als Bakterien, ovoid, an dem einen Ende mit einer Polkapsel versehen und in großen Nestern angeordnet erscheinen. Bei Barben und Karpfen (S. 62) rühren sie von Ansiedelungen gewisser Myxosporidien her. Diese Sporen kann man an den zwei starken lichtbrechenden Polkapseln am Vorderende erkennen.

17. **Ascaris capsularia.** Dieser Nematode findet sich bei verschiedenen Gadusarten (S. 86), besonders beim Kabeljau, eingerollt in einer Kapsel oder frei in der Bauchhöhle, den Eingeweiden und in der Muskulatur. Beim Kochen nimmt er eine rotbraune Farbe an und tritt dann deutlicher hervor. In gleicher Weise werden auch Heringe von Fadenwürmern befallen.

18. **Tetrarhynchen des Kabeljau** treten als Jugendform in der Muskulatur auf, wo sie Kapseln von 3,5 mm Länge und 1,5 mm Breite bilden. Tetrarhynchen kommen auch oft in großer Anzahl in den Baucheingeweiden vor, wo sie sich mit den vier Haftorganen an die Peritonealbekleidung der Eingeweide anheften.

19. **Coccidien in der Schwimmblase der Gadusarten.** Das Organ ist anstatt mit Gas mit einer gelben, gallertig schleimigen, eiterartigen, aus Coccidien des Genus Eimeria gadi Fieb. bestehenden Masse strotzend gefüllt. Die Sporen liegen in der Vierzahl beisammen und werden durch eine hinfällige Hülle zusammengehalten. Jede Spore hat eine ziemlich rigide Kapsel, die sich nach Art einer Schote an einer Längsnaht öffnet und die beiden Sichelkeime austreten läßt.

20. **Anämie der Salmoniden.** Bei verschiedenen, in unseren Fischzuchtanstalten gezogenen Salmoniden, den Bachforellen, Regenbogenforellen und Bachsaiblingen, tritt häufig, und zwar besonders bei letzeren, eine Hinfälligkeit auf, die beim Transport selbst zum Absterben führen kann. Die Tiere leiden an Anämie sämtlicher Organe; das Blut ist wässerig, die Zahl der roten Blutkörper verringert, die der weißen vermehrt. Es finden sich Teilungsformen, Zellen mit zwei Kernen und andere abnorme Bilder. Die Kiemen sind blaß, ebenso die inneren Organe; die Leber hat eine fahlgelbe Färbung.

21. **Blutparasiten der Fische.** Protozoen kommen häufig im Blute der Fische vor. Bei Karpfen sind Trypanosomen außerordentlich häufig. Die wurmförmigen, 20 μ langen Gebilde lassen sich an ihren schlängelnden Bewegungen schon bei schwacher Vergrößerung erkennen. Nicht selten finden sich auch Myxosporidiensporen, die sich

durch ihre Polkapseln auszeichnen. Im Ausstrich, der wie ein Bakterienpräparat behandelt und mit Fuchsin gefärbt wird, finden sich die Polfäden als überraschend lange, dicke, intensiv schwarzrot gefärbte, peitschenartige Gebilde.

V. Kennzeichen der Fäulnis

Vor der Prüfung auf eingetretene Fäulnis ist der Fisch durch Abbürsten und Abspülen der Oberfläche und Kiemen in fließendem Wasser zu reinigen und hierauf mit einem sauberen Tuche abzutrocknen. Gefrorene Fische müssen in kaltem Wasser auftauen und ebenso behandelt werden. Besondere Vorsicht empfiehlt sich bei der Untersuchung von tot und in Eis verpackt in den Handel gelangten Seefischen, weil sie oft eine Beschaffenheit zeigen, die bei flüchtiger Beschau zu täuschen vermag. In zweifelhaften Fällen gibt der Ausfall der Kochprobe den Ausschlag.

a) Sinnenprüfung

α) Geruch. Bei vorgeschrittener Zersetzung entsteht ein spezifischer, sehr intensiver, abscheulicher, von dem der gewöhnlichen Eiweißfäulnis deutlich verschiedener Geruch. Anfangs kann die Entscheidung, ob es sich um einen normalen Fischgeruch oder schon um ein durch Zersetzung bedingtes „Fischeln" handelt, vom subjektiven Empfinden abhängig sein; später ist dieses Symptom untrüglich und verläßlich. Besonders übelriechend sind die Kiemen, Eingeweide und Geschlechtsorgane.

β) Haut. Die Haut verliert bei fortgeschrittener Zersetzung ihren Glanz; sie läßt sich leicht von der Unterlage entfernen und bedeckt sich mit einem grauen, schmierigen, aus Bakterien bestehenden Belag. Die Schuppen sind leicht ausziehbar. Die Muskulatur ist weich, Fingereindrücke bleiben bestehen.[1] Alle diese Merkmale können jedoch nur mit einer gewissen Vorsicht zur Diagnose herangezogen werden. Die Erfahrung hat gelehrt, daß Seefische, die man von dem anhaftenden natürlichen Belag der Haut befreit, viel rascher verderben als unberührte. Die Seefischhändler unterlassen daher absichtlich das Abwaschen der Fische. Auch bei sonst tadellosen Süßwasserfischen, die in Eis verpackt in den Handel kommen, zeigen einzelne Teile, besonders die Kiemen, oft schlammigen Belag, dessen Gegenwart daher nicht immer ohneweiters auf eine Zersetzung des Fisches zu schließen gestattet.

γ) Augen. Die Augen fauler Fische sind matt, glanzlos und eingefallen; doch ist dies kein sicheres Kennzeichen der Fäulnis. Es haben auch andere, z. B. gefrorene Fische, wie der Schill, Hecht und Lachs, fast immer mattumflorte Augen.

---

[1] Seefische, die lange Zeit in Eis gelagert haben, lassen Fingereindrücke bestehen, ohne daß sie als verdorben zu bezeichnen wären.

δ) **Kiemen.** Was von den Augen gesagt wurde, gilt gleichfalls von den Kiemen. Es ist zu beachten, daß sie nur in der Regel, aber nicht immer, eine lebhaft rote Farbe haben. Es kommt vor, daß sogar die Kiemen lebender Fische blaß sind. Tiere, die im Sommer, also bei einer hohen Wassertemperatur, gefangen werden und im Netze verenden, zeigen sehr häufig solche Verfärbung. Die Kiemen des Seehechtes erscheinen fast dunkelbraun gefärbt usw. Bei Seefischen finden sich nicht selten ganz frische Exemplare mit äußerlich dunkelgrau gefärbten Kiemen. Es erklärt sich dies aus der Fangart der Fischdampfer; sie verwenden Grundschleppnetze und wirbeln den Grundschlamm auf, der dann unter die Kiemendeckel dringt. Ein einfaches Abspülen der Kiemenblätter mit Wasser klärt in solchen Fällen die Ursache der Mißfarbe rasch auf.

ε) **Totenstarre.** Vielfach wird als gutes Merkmal der Fäulnis die Auflösung der Totenstarre angegeben und angeraten, man solle den Fisch horizontal auf die Hand legen. Bleibt der Fisch unverändert starr, so sei er frisch; biegt er sich ab, so könne er als vor längerer Zeit umgestanden angesehen werden. Das ist in dieser Schärfe nicht zutreffend. Man kann lediglich sagen, daß starre Fische in der Regel genußtauglich, nicht aber, daß weiche Fische immer genußuntauglich sind.

ζ) **Eingeweide.** Die Eingeweide geraten am ehesten in Fäulnis. Eine gewisse Weichheit, Imbibition und beginnender Zerfall zeigen sich schon bald nach dem Tode. Vollständige Zersetzung äußert sich in einem Schwappen und in bläulicher Verfärbung des Bauches. Wenn man beim Aufschneiden des Bauches den Inhalt in eine breiige, rötliche, von Fetttropfen durchsetzte Masse umgewandelt findet und die Rippen sich spontan aus der Muskulatur auslösen, ist der Fisch sicher faul.

η) **Schwimmprobe.** Legt man frische Fische aufs Wasser, so sinken sie unter, faule Fische schwimmen oben. Dieses Kennzeichen läßt jedoch bei ausgeweideten Fischen oft im Stich. Die Regel hat vielmehr zu lauten: Tote Fische, die im Wasser schwimmen, sind verdorben; der Fisch kann aber auch verdorben sein, trotzdem er untersinkt.

Anmerkung. Bei Seefischen, die man, wie z. B. die Kabeljauarten, aus bedeutenden Tiefen an die Oberfläche bringt, werden die in den Geweben und im Blute absorbierten Gase zum großen Teil plötzlich entbunden und gelangen in das lockere Unterhautzellgewebe. Es fühlen sich dann der Gaumen und die Innenhaut der Kiemendeckel polsterartig an. Bei manchen Fischen, wie z. B. dem Goldbarsch, treiben die Gase, die sich in der Schwimmblase mächtig ausdehnen, die vordere Kuppe dieses Organes samt den Schlundteilen bei der weitgeöffneten Maulspalte oder seitlich durch die Kiemenspalte heraus. Ähnliche Vorgänge werden auch bei Grundfischen unserer tiefen Alpenseen beobachtet. Sie haben natürlich mit der Fäulnis nichts gemein, sondern stellen einfache Schönheitsfehler dar. Die Fischhändler pflegen sie, wenn möglich, durch Ausschneiden der betreffenden

Organe zu entfernen. Diese Mängel sind daher bis auf das ersterwähnte Hautemphysem auf dem Markte meist nicht mehr zu sehen.

b) Kochprobe

Von dem zu untersuchenden Fische werden einige Stücke, und zwar von mehreren Stellen, immer aber von dem dicksten Teil einer solchen Stelle, mit einem Messer ausgeschnitten und nach Entfernung der Schuppen und der Haut in einem reinen Kochtopf mit so viel Wasser übergossen, daß die Fischstücke gerade vom Wasser bedeckt sind. Man setzt nunmehr einen gut schließenden Deckel auf und erwärmt. Sobald das Wasser zu kochen beginnt, wird der Deckel abgehoben und der dem Topfe entströmende Wasserdampf auf seinen Geruch geprüft. Die Geruchsprobe muß stets von mehreren Personen vorgenommen werden.

B. Chemische Untersuchung

1. Prüfung auf Ammoniak nach Eber[1])

In ein Reagenzglas von 2 cm Durchmesser und 10 cm Länge bringt man 1 ccm einer Mischung aus 1 Teil reiner 25-prozentiger Salzsäure, 3 Teilen 96-prozentigen Alkohols und 1 Teil Äther, verkorkt darauf das Gläschen und schüttelt einmal um. An das untere Ende eines durch einen Gummistopfen geführten Glasstabes bringt man nun eine Probe des zu untersuchenden Fischfleisches, öffnet das Reagenzglas und setzt schnell den Stopfen mit Glasstab wieder auf, so daß die zu untersuchende Probe, ohne die Wandung zu berühren, 1 cm ober der Flüssigkeit steht. Wenn nun das Gläschen gegen einen dunklen Hintergrund gehalten wird, so zeigen sich bei Gegenwart von Ammoniak weiße Salmiaknebel, welche sich von der Probe heruntersenken. Die Prüfung ist mehrmals mit Fleischpartikeln von verschiedenen Stellen und aus verschiedenen Tiefen zu wiederholen, kann aber immer in demselben Glase ohne Nachfüllung ausgeführt werden.

2. Prüfung auf Schwefelwasserstoff

Man bringt eine Probe des zerkleinerten Fischfleisches in ein Kölbchen, übergießt es mit Wasser und hängt in das Kölbchen einen in Bleiazetatlösung getauchten Filtrierpapierstreifen mit Hilfe eines Wattepfropfens, so daß derselbe ungefähr 1 bis 2 cm über der Flüssigkeit zu stehen kommt; das Kölbchen stellt man dann auf ein geheiztes Wasserbad. Tritt nach einer viertel bis halben Stunde Bräunung oder gar Schwärzung des Streifens ein, so zeigt die Probe Fäulniserscheinungen. Andernfalls säuert man die im Kölbchen befindliche Masse mit etwas verdünnter Salzsäure an und prüft in der gleichen Weise.

---

[1]) Arch. f. wissenschaftl. u. prakt. Tierheilkunde 1891. 17. *Ostertag,* Handbuch der Fleischbeschau, 1923, II. Bd., S. 790.

3. Nachweis von Vergiftungen der Fische

Die bisher bekanntgewordenen größeren Fischsterben durch Vergiftung sind in der Regel auf Betriebsunfälle in industriellen Unternehmungen oder auf die Abwässer solcher zurückzuführen. Es kommt hiebei eine lange Reihe von Substanzen in Betracht, deren Nachweis sich nicht nach einer bestimmten Schablone bewerkstelligen läßt. Da so lebenswichtige Organe wie die Kiemen unmittelbar mit dem Wasser und somit auch mit dem Gifte in Berührung treten, sterben die Fische meist ab, bevor das Gift Zeit gehabt hat, in die inneren Organe überzugehen. Die chemische Untersuchung des Fisches oder seiner Eingeweide, die bei der Vergiftung von Landtieren bekanntlich ausschlaggebend ist, führt daher hier kaum jemals zum Ziele. Aber auch an den Kiemen ist mit unseren Hilfsmitteln nur selten eine charakteristische Veränderung zu bemerken, offenbar weil die kleinsten Verletzungen genügen, die Tätigkeit dieses Organes auszuschalten; zudem ist gerade das Kiemenepithel nach dem Tode außerordentlich raschen und durchgreifenden Veränderungen unterworfen. Nur bei Vergiftungen mit Säuren und Alkalien gelingt es gelegentlich, nicht nur eine ausgesprochene saure oder alkalische Reaktion, sondern auch das Gift selbst quantitativ nachzuweisen. Man bedient sich hierbei der allgemein gebräuchlichen analytischen Methoden, wird aber stets gut tun, den Untersuchungsgang im Befund genau zu beschreiben. Am leichtesten sind Vergiftungen mit Ätzkalk festzustellen, am schwierigsten solche mit Blausäure oder Pflanzengiften aller Art.

4. Bakteriologische Untersuchung

Zu ihrer Durchführung wählt man am besten Stücke eines größeren Muskels und entnimmt nach gründlichem Abbrennen der Oberfläche mittels glühendem Messer oder nach dem Eintauchen in ein Ölbad von 200⁰ C aus dem Inneren des Fleisches mit sterilen Instrumenten das eigentliche Untersuchungsmaterial. Als Nährboden verwendet man solche aus Agar-Agar, besser, wenn tunlich, sogenannte „Elektivnährböden" (Drigalski-Agar und andere).

4. Beurteilung

Gesundheitsschädlich sind der Rogen der Barben und ähnlich wirkender Laich anderer Fischarten (S. 124), mit Giftstacheln ausgerüstete Fische, die mitsamt ihren giftigen Organen (S. 125) in den Verkehr gebracht werden, Fische, die Finnen von Diphyllobothrium latum L. (S. 125) enthalten, Fische, bei denen durch die bakteriologische Untersuchung pathogene Keime festgestellt sind, dann faule Fische und endlich solche, die von einem „Fischsterben" (S. 126) herrühren, diese mit den am angeführten Orte gegebenen Einschränkungen. Als verdorben hat der Gutachter alle an Fischkrankheiten mit Ausnahme der

Finnen von Diphyllobothrium latum L. und den Massenerkrankungen (s. o.) umgestandenen (S. 126) und die mit deutlich wahrnehmbaren Krankheiten behafteten Tiere (S. 130) zu erklären; hierbei ist den Ausführungen auf S. 130 bis 133 Beachtung zu schenken. Filariahaltige Fische sind, wenn die Ascariden in besonders gehäuftem Ausmaße im Muskelfleisch sitzen, verdorben. Eine falsche Bezeichnung liegt vor, wenn Leng (S. 89) und Dornhai (S. 35) als Seeaal (S. 81), Knurrhahn (S. 117) oder Makrele (S. 106) als Seeforelle (S. 57) oder „portugiesische" Forelle, Kabeljau (S. 86) als „Seeschill" schlechtweg Schleihe (S. 64) als „Schleihforelle" und Goldbarsch oder Rotbarsch (Bergilt, S. 93) als „Seekarpf" verkauft wird (S. 128). Fische mit leichten Krankheitssymptomen (S. 127) oder Abnormitäten in der äußeren Erscheinung (S. 126) und erstickte Fische (S. 127) sind lediglich minderwertig.

5. Regelung des Verkehrs

Der Transport lebender Fische, für den man in neuerer Zeit besondere Waggons baut, hat die Zufuhr ausreichender Mengen von Sauerstoff zur Voraussetzung. Erfolgt die Beförderung ohne künstliche Durchlüftung, in Fässern, Lageln u. dgl., so ist für ein richtiges Verhältnis zwischen dem Fischgewichte und dem Wassergewichte zu sorgen. Erfahrungsgemäß soll letzteres bei einem 10-, 20-, 30-, bzw. 40stündigen Transport bei zweisommerigen Forellen das 15-, 20-, 25-, bzw. 30fache, bei ebensolchen Karpfenarten das 9-, 12-, 15-, bzw. 18fache des ersteren betragen. Zur — kostspieligeren, aber bei sicherem Funktionieren der Apparate wirksameren — künstlichen Durchlüftung bedient man sich verschiedener Vorrichtungen, welche die ausreichende Durchlüftung bei geringer Wassermenge ermöglichen. Daß die zur Beförderung lebender Fische dienenden Behälter gut gereinigt sein müssen, und nicht etwa nach Petroleum, Teer, Spiritus u. dgl. riechen dürfen, versteht sich von selbst. Beim Transport toter Fische ist darauf zu sehen, daß die Fische stets gut von Eis umhüllt sind, wodurch sie gleichzeitig feucht gehalten werden. Die Seefische befördert man am besten in eigenen Waggons mit doppelten, durch eine Luftschicht getrennten Wänden, in deren Innern nie eine höhere Temperatur als 3^0 C herrschen soll. Für die Versendung der Fische nach dem Binnenlande eignen sich Körbe, die man mit starkem Papier und Stroh als Isolierungsmittel ausfüttert; die Hohlräume zwischen den einzelnen Tieren und der Korbwand müssen ausgefüllt werden. Auch gefrorene Fische kommen in den Handel. Das Frierenlassen erfolgt im Winter bei strenger Kälte im Freien, sonst in eigenen Kühlanlagen. Obwohl es ganz allgemein für den Zustand der Fische von Vorteil wäre, wenn man die Eingeweide stets vorher entfernen würde, ist dies in der Praxis manchmal nicht möglich, weil das Publikum manche Fische, zum Beispiel Zander, unausgeweidet begehrt. Die gefrorenen Fische sollen in kaltem Wasser langsam aufgetaut und möglichst bald verzehrt werden, weil sie sich sehr leicht zersetzen; namentlich ist dies bei Fischen mit wenig Fettgehalt, bei sogenannten „Magerfischen", der Fall. Karpfen können auf weite Strecken lebend verschickt werden, wenn man sie unter Zusatz von Eis in feuchtes Moos u. dgl. verpackt.

Seefische sind so zu lagern, daß immer eine Lage Fische von einer Lage Eis getrennt wird. Hiebei ist zu trachten, daß das Schmelzwasser des Eises stets und leicht abfließen muß, weil es sonst die Zersetzung der Fische beschleunigt. Das Feuchthalten der Fische verhindert das Eintrocknen ihrer Haut, eine Erscheinung, die dem Fisch ein unnatürliches Aussehen verleihen und ihm den Glanz nehmen würde. Außerdem wirkt die Abdunstung des Wassers von der Oberfläche einer zu starken Temperaturerhöhung entgegen. In Gefrierhäusern dürfen Waren, die scharf riechen, nicht mit Fischen zusammen eingelagert werden.

Bezüglich der Beaufsichtigung der Fischmärkte ist auf eine fachmännische Kontrolle im Sinne der Ausführungen auf S. 122ff. hinzuwirken.

6. Verwertung von beanstandeten Fischen

Gesundheitsschädliche Fische sind zu vernichten; ihre Verarbeitung auf Kompost (Dünger) kann nur dann zugelassen werden, wenn hiebei allen sanitären Bedenken Rechnung getragen wird. Verdorbene Fische lassen sich auf Fischfutter, Kraftfuttermittel und Kunstdünger verarbeiten. Bei falsch bezeichneten Fischen ist die Freigabe vom Erhaltungszustand und davon abhängig zu machen, daß sie unter der richtigen Bezeichnung in den Verkehr gelangen.

Experten: Direktor *Peter Biegler* (Ges. f. Fischindustrie, Wien), Direktor *Franz Heinzel* (Deutsche Dampffischerei „Nordsee", Wien), Prof. Dr. *Oskar Hempel* (Hochschule f. Bodenkultur), *Franz Hofbauer* (Fischhandels-A. G., vorm. A. Hofbauers Neffe, Wien), Ministerialrat Dr. *Eugen Neresheimer* (Bundesministerium f. Land- und Forstwirtschaft).

Lurche und Kriechtiere

Referent: Regierungsrat Dr. *Viktor Pietschmann*
(Naturhistorisches Museum)

Der Lebensmittelverkehr wird durch das „Lebensmittelgesetz"
vom 16. Jänner 1896, RGBl. Nr. 89 ex 1897, und durch die auf Grund
desselben erlassenen Verordnungen allgemein geregelt. Für den Gegenstand dieses Kapitels, auf den daher diese Rechtsnormen Anwendung
zu finden haben, sind Sonderbestimmungen nicht erlassen worden.

1. Beschreibung[1])

Von den Lurchen dienen zur menschlichen Ernährung gewisse
Frösche, von den Kriechtieren die Schildkröten.

a) Lurche, Amphibia

Für uns kommen nur einige Arten der Froschlurche, Anura, in
Betracht. Sie gehören der Gattung der Frösche, Rana, an.

Genossen werden ausschließlich die abgeschnittenen Hinterbeine
der erwachsenen Tiere.

Der Wasserfrosch, Rana esculenta L., ist der größte der
in Österreich vorkommenden Frösche. Die Hinterbeine erreichen,
nach vorne an den Körper angelegt, mit dem Fersengelenk die
Schnauzenspitze nicht. Die Haut des Rückens besitzt zwei dicke Längs-
falten, die vom Hinterrand des Auges über das Trommelfell längs der
Körperseiten nach hinten ziehen. Die Grundfärbung des Rückens ist
grün in verschiedensten Nuancierungen oder hellgelb bis braun; manchmal treten beide Färbungen an einem Exemplar auf. In der Grundfärbung finden sich oft dunklere Flecken. Die Unterseite ist milchweiß
und manchmal grau marmoriert, die Oberschenkel sind entweder
olivengrün und weiß gefleckt oder dunkelbraun und gelb marmoriert.
Auf ihrer Hinterseite erscheinen sie oft dunkel marmoriert. Diese

---

[1]) Vorwiegend nach *Werner*, Reptilien und Amphibien Österreich-
Ungarns und der Okkupationsländer, Wien 1897.

Färbung hat in Verbindung mit einigen anderen Unterschieden im Körperbau zur Aufstellung von einigen (in unserem Gebiete drei) Varietäten geführt, die auch nach ihrer geographischen Verbreitung ziemlich deutlich getrennt sind. Die Art kommt in Österreich häufig vor.

Der Gras- oder Taufrosch, Rana temporaria L., der eine Größe von ungefähr 10 cm erreicht, ist auf dem Rücken entweder einförmig gelbrot oder braun in verschiedenen Nuancierungen, welche Färbung sich oft auch auf die Vorder- und Hinterbeine erstreckt, die bei anderen Exemplaren dunkelquergebändert sind. Vielfach erscheinen undeutliche dunkle, oft in zwei Längsreihen angeordnete Flecke auf dem Rücken. Auf dem Kopfe befindet sich ein dunkelbrauner oder dunkelroter Schläfenfleck. Die Unterseite ist bei jungen Tieren gelblichweiß, bei erwachsenen Tieren gelblich mit braunen Marmorierungen. Die Art, die in ganz Europa vorkommt, bewohnt in unserem Gebiete namentlich gebirgige Gegenden, besonders häufig die Alpen.

Der Springfrosch, Rana agilis Thomas, besitzt sehr schmale, schwache Hautlängsleisten auf dem Rücken und ist auf der Oberseite weißgrau, graurosa oder braun in verschiedenen Nuancen. Er wird gegen 9 cm lang. Auf den Seiten des Rumpfes hat er keine Marmorierungen, an den Schläfen stets einen intensiv dunklen Schläfenfleck, ebenso einen Streifen, der von der Schnauzenspitze über das Nasenloch zum Auge zieht. Die Unterseite ist entweder milchweiß oder gelblichweiß, stets ohne Marmorierungen, höchstens an der Kehle dunkel punktiert. Der Springfrosch kommt in unserem Gebiet in vielen Gegenden sehr häufig vor und lebt hauptsächlich auf Wiesen oder in Wassergräben und großen Tümpeln. Er ist der beste Springer unter allen einheimischen Fröschen.

Der Moorfrosch, Rana arvalis Nilss., hat einen braunen oder grauen, das Männchen zur Paarungszeit einen himmelblauen Rücken und einen milchweißen oder gelblichen ungefleckten Bauch. Von der Schnauzenspitze zieht über das Nasenloch zum Auge und über das Trommelfell ein dunkelroter oder meist schwarzbrauner Fleck. Der Körper ist auf der Seite dunkel marmoriert, die Hinterseite der Oberschenkel dagegen niemals marmoriert. Die Art kommt als Nahrungsmittel weniger in Betracht, weil sie nur in einigen Gegenden Österreichs häufiger auftritt und nicht größer als 7 cm wird.

Produktions- und Handelsverhältnisse. Von den Fröschen hat die größte Bedeutung für unseren Handel der Wasserfrosch, während der Gras-, Spring- und Moorfrosch nur gelegentlich zum Verkaufe gelangt. Die Frösche als solche werden nicht genossen, sondern nur ihre Schenkel, die in den Frühjahrsmonaten gehandelt werden.

Von unlauteren Verfahrensarten wurden Unterschiebungen von Froschschenkeln durch Krötenschenkel beobachtet, eine Manipulation, die leicht daran erkannt werden kann, daß die Krötenschenkel nicht wie die Froschschenkel weiß, sondern graugrün gefärbt sind.

b) Kriechtiere, Reptilia

Für uns kommen nur zwei Arten aus der Ordnung der Schildkröten, Testudinata, in Betracht.

Die griechische Landschildkröte, Testudo graeca L., besitzt einen plumpen, mit einer hochgewölbten Schale bedeckten Körper. Die Füße sind zu Klumpfüßen umgewandelt und mit der unteren Hälfte der Beine unbeweglich verbunden, die Zehen untereinander verwachsen. Sie haben dicke, gerade Nägel. Der Kopf und die Füße sind vollständig in die Schale zurückziehbar. Die Färbung des Rückenschildes ist gelb oder grüngelb mit schwarzen unregelmäßigen Flecken auf jedem Schild, die der Bauchschale ebenfalls gelb mit einem großen schwarzen Fleck auf dem Außenrand jedes Schildes. Der Kopf und die Gliedmaßen sind oben gelbgrün oder graubraun bis schwärzlich; die Unterseite ist lichter. Das Tier erreicht eine Größe von ungefähr 30 cm, nährt sich hauptsächlich von pflanzlicher Nahrung und lebt im südlichen Europa und zwar vor allem in Italien und Griechenland und auf den meisten Mittelmeerinseln.

Die zweite in Betracht kommende Art, die Suppenschildkröte, Chelonia mydas L., findet sich gleichfalls nicht in Österreich, wird jedoch als Nahrungsmittel eingeführt. Sie ist auf der Oberseite dunkelbraun oder olivengrün, oft mit gelben Flecken oder Marmorierungen, auf der Unterseite gelb und erreicht eine Größe von über 50 cm. Ihre Verbreitung erstreckt sich auf die tropischen und subtropischen Meeresküsten.

Produktions- und Handelsverhältnisse. Die Schildkröten werden auf unseren Märkten von Anfang Mai bis September, und zwar nur im lebenden Zustande gehandelt. Der Verkauf erfolgt nach Stück.

2. Beurteilung

Das Inverkehrsetzen von Krötenschenkeln als Froschschenkel (S. 141) stellt eine falsche Bezeichnung im Sinne des Lebensmittelgesetzes dar. Tote Schildkröten sind als verdorbene Waren anzusprechen.

3. Regelung des Verkehrs

Die Verkehrskontrolle hat, wie aus den vorhergehenden Ausführungen ohneweiters erhellt, ihr Hauptaugenmerk auf die einwandfreie Beschaffenheit der hieher gehörigen Waren zu richten. Tote Schildkröten dürfen nicht zum Verkaufe zugelassen werden.

4. Verwertung der beanstandeten Lurche und Kriechtiere

Die beanstandeten Waren dieser Gruppe sind zu vernichten.

Experte: *Franz Hofbauer* (Direktor der Fischhandels A. G.).

Krustentiere und Weichtiere

Referent: Oberstaatsbibliothekar Dr. *Alois Rogenhofer*

Der Lebensmittelverkehr wird durch das „Lebensmittelgesetz" vom 16. Jänner 1896, RGBl. Nr. 89 vom Jahre 1897, und durch die auf Grund desselben erlassenen Verordnungen allgemein geregelt. So wurde durch die Ministerialverordnung vom 10. Nov. 1928, BGBl. Nr. 321, das Färben von Krusten- und Weichtieren verboten.

1. Beschreibung

Für die menschliche Ernährung kommen nur zwei größere Klassen in Betracht, die Krustentiere oder Krebse, Crustacea (s. u.), und die Weichtiere, Mollusca (S. 148). Mit Ausnahme des Flußkrebses (S. 145) und der Landschnecken (S. 149) sind alle hieher gehörigen Tiere Meeresbewohner.

Krustentiere oder Krebse, Crustacea

Die Krustentiere oder Krebse sind wasserbewohnende, durch Kiemen atmende Kaltblüter, deren Körper von einem festen Chitinpanzer bedeckt ist und sich aus zahlreichen ringförmigen Abschnitten (Segmenten) zusammensetzt. Die Krebse haben gestielte und bewegliche Augen und sind mit wenigen Ausnahmen getrenntgeschlechtlich. Die Weibchen legen zahlreiche Eier, die sie meist an der Unterseite des Hinterleibes mit sich herumtragen.

Für uns kommen nur die höchstentwickelten zehnfüßigen Krebse, Decapoda, in Betracht.

Zehnfüßige Krebse, Decapoda

Diese Schalenkrebse haben ein großes Rückenschild, das die meist verwachsenen Segmente des Kopfes und der Brust überdeckt. Bedeutung haben für uns die langschwänzigen Krebse (S. 144) und die Krabben (S. 147).

A. *Langschwänzige Krebse, Macrura*

In diese umfangreiche Sektion gehören wohl die meisten der genießbaren Krebse. Sie zerfallen wieder in zwei Gruppen, wovon die erste die kleineren Formen umfaßt, während die zweite hauptsächlich größere Krebse aufweist.

a) Schwimmende Langschwänzer, Macrura natantia

Hieher gehören die besonders unter dem Namen Krevetten und Garneelen bekannten Krebschen. Sie stellen ein bedeutendes Kontingent zu den eßbaren Krebsen. Es sind an den Küsten gesellig lebende Tiere, die meist eine Länge von 4 bis 6 cm erreichen, in Massen gefangen und frisch gegessen oder auch zum Versand als „Krabbenkonserven" eingesalzen werden. Hieher gehört die

Familie der Garneelen, Carididae

1. Krevette, Leander (Palaemon) squilla (L.).

Die Krevette, Granate oder gemeiner Granatkrebs wird von den Fischern auch „Ostseekrabbe" genannt und erreicht eine Länge von 6 cm. Sie hat einen langen Stirnstachel, der ebenso lang oder nur wenig länger wie die Blattanhänge der äußeren Fühler (Antennen) ist. Das zweite Beinpaar übertrifft an Länge das erste und besitzt eine etwas stärker entwickelte Schere. Innere (obere) Fühler (Antennen) mit drei Endfäden. Augen langgestielt, Rückenpanzer glatt. Sie ist durchscheinend, weißlichgrau mit kleinen roten und braunen Punkten und wird beim Kochen rot. In den europäischen Meeren sehr häufig. Wegen ihres wohlschmeckenden Fleisches wird sie höher geschätzt als die gemeine Garneele oder „Nordseekrabbe", Crangon crangon (L.) (Nr. 2).

2. Gemeine Garneele oder Sandgarneele, Crangon crangon (L.).

Die gemeine Garneele oder Sandgarneele ist die zweite der am häufigsten auf den Markt kommenden Garneelen. Sie wird von den Fischern auch „Nordseekrabbe" genannt und erreicht eine Länge von 6 bis 7 cm. Der Stirnstachel ist sehr kurz und in der Mitte vertieft, das erste Beinpaar dick, seine Schere durch eine einschlagbare Klaue ersetzt, das zweite und dritte Beinpaar sehr dünn. Innere Fühler kurz mit zwei Endfäden. Augen kurzgestielt, Kopfpanzer vorn mit einem mittleren und zwei seitlichen kleinen Stacheln. Sie hat eine mehr rauhe Oberfläche, ist grünlichgrau gefärbt mit braunen Punkten, rötet sich beim Kochen nicht, sondern bleibt grau. Um der gemeinen Garneele das Aussehen der Krevette (Nr. 1) zu geben, färbt man sie gelegentlich künstlich rot, was unstatthaft ist (s. S. 153).

3. Italienischer Granatkrebs, Processa canaliculata (Leach).

Der italienische Granatkrebs erreicht eine Länge von 5 cm. Der Stirnstachel ist kurz und spitz. Auffallend sind die sehr verschieden gebauten Beine. Beim ersten Beinpaar ist der eine Fuß mit Schere, der andere eingliedrig. Das zweite Beinpaar ist viel länger und dünner als das erste, mit kleiner Schere. Innere Fühler mit zwei Endfäden, äußere Fühler mit schmalem Blattanhange. Augen kurz und dick. Die Körperfarbe ist lichtrosa mit gelblichen Punkten.

b) Kriechende Langschwänzer, Macrura reptantia

Die kriechenden Langschwänzer umfassen hauptsächlich jene größeren Krebse, die einzeln auf den Markt kommen. Ihr Körper ist nicht seitlich zusammengedrückt, der Hinterleib meist stark entwickelt, sein erstes Segment stets kleiner als die folgenden. Schuppe des zweiten Fühlers selten blattförmig, meist stachelförmig oder fehlend. Brustfüße kräftig zum Schreiten. Hinterleibsfüße in der Regel nicht zum Schwimmen geeignet. Hieher gehören die folgenden zwei Familien:

1. Familie der Panzerkrebse, Loricata

Europäische Languste, Palinurus vulgaris Latr.

Die Languste erreicht fast die Länge von 50 cm und ist nach dem Hummer (S. 00) der geschätzteste Tafelkrebs. Ihr Körper ist beinahe zylindrisch. Der stark bedornte Kopfbrustpanzer trägt über den Augen zwei große, nach vorne gerichtete Hörner. Die äußeren Fühler sind sehr stark und länger als der Körper, die inneren Fühler kurz und dünn. Brustfüße alle ohne Scheren, ziemlich lang. Schwanzflosse halbhornig und biegsam. Farbe bräunlichviolett mit gelben Flecken. Sie kann durch reibende Bewegung des untersten ersten Fühlergliedes einen knarrenden Ton erzeugen. Im Mittelmeer und an den Küsten Englands häufig.

2. Familie der flußkrebsartigen Krebse, Astacidae

Hieher gehören die wichtigsten und bekanntesten größeren Marktkrebse. Die ersten drei Beinpaare sind scherenförmig, wovon besonders das erste Beinpaar zu einer mächtigen Schere ausgebildet ist.

1. Flußkrebs oder Edelkrebs, Astacus (Potamobius) fluviatilis L.

Der Flußkrebs oder Edelkrebs wird bis 15 cm lang. Sein ganzer Körper ist verhältnismäßig breit. Kopfbrustteil seitlich schwach bedornt und körnig, desgleichen auch die breiten Scherenfüße. Der breite Stirnstachel (Rostrum) hat eine deutlich gezähnte Leiste in der Mitte und an seiner Basis zwei hintereinanderliegende kleine Erhabenheiten. Die Seitenränder sind über dem Augenkamm gesägt, die äußeren Fühler fadenförmig und ungefähr so lang wie die Scherenfüße; sie haben an der Basis einen zugespitzten Blattanhang. Die inneren Fühler sind kurz, mit zwei Endfäden. Seine Farbe variiert sehr, von braun bis fast schwarz und ins Olivgrüne ziehend, doch gibt es auch schön blau ge-

färbte Exemplare. Beim Kochen wird er in der Regel vollständig rot;
eine Ausnahme bilden die blauen Krebse, die beim Kochen ausbleichen.
Der Flußkrebs häutet sich dreimal im Sommer und heißt dann mit
dem frischen, noch weichen Panzer „Butterkrebs". Vor der Er-
neuerung des Hautpanzers speichern die Krebse Kalkkörner in ihrem
Magen auf, die bei der Häutung dann wieder aufgebraucht werden.
Diese rundlichen weißen Körperchen heißen „Krebsaugen" und fanden
ehedem in der Medizin Verwendung. Die Fortpflanzung der Flußkrebse
fällt in den November. Die Weibchen tragen die Eier mit sich herum,
und zwar an den Hinterleibsbeinen befestigt.

Es gibt bei uns außer dem Edelkrebs noch zwei andere Arten, die
gleichfalls auf den Markt kommen. Obwohl ihr Fleisch jedoch bei weitem
nicht so schmackhaft ist als jenes des Edelkrebses, so müssen sie doch hier
erwähnt werden. Der Hauptunterschied liegt in ihrer Lebensweise.

2. Der Stein- oder Bachkrebs, Astacus (Potamobius) torren-
tium Schr., wird nicht so groß wie der Edelkrebs, höchstens 10 cm. Sein
Kopfbrustpanzer ist mehr länglich. Die äußeren Fühler sind nahezu so
lang wie der Körper. Stirnstachel kürzer, mit nur einer einzigen kleinen
Erhebung an der Basis und breiter, ohne gezähnte Mittelleiste. Findet sich
in den Alpengebieten, in stärker fließenden Gewässern und Gebirgsseen.
Beim Kochen wird er nicht vollständig rot.

3. Der schmalscherige oder galizische Sumpfkrebs (im Handel
auch „Schwabe" genannt), Astacus (Potamobius) leptodactylus
Eschz., wird ebensogroß oder noch größer wie der Edelkrebs, aber ist
nicht so schmackhaft. Er unterscheidet sich leicht vom Edelkrebs durch
die schlanken, längeren, unten weißen Scheren; ferner sind die Seiten-
ecken der Hinterleibssegmente spitz, während sie beim Edelkrebs etwas
abgerundet sind. Stirnstachel schmäler; Seitenkiele ober den Augen stark
gesägt. Dieser Krebs ist im östlichen Europa (Rußland und Polen) verbreitet.

4. *Europäischer Hummer, Astacus gammarus (L.).*

Der Hummer ist unser größter und geschätztester Tafelkrebs. Er
wird bis 60 cm lang. Sein Körper, besonders der Hinterleib, ist verhältnismäßig schlank und glatt, der Stirnstachel schmal und stark
gezähnt. Die äußeren Fühler sind sehr lang und dünn, die inneren
Fühler kurz und mit zwei Endfäden ausgestattet. Das erste sehr große
und breite Scherenfußpaar hat zwischen den Fingern Zähne. Die Farbe
des Hummers ist lebhaft und stark variierend, meist braun und blau,
aber auch rötlich marmoriert. Beim Kochen wird er rot. Er findet
sich sehr häufig im Atlantischen Ozean und im Mittelmeer, einschließlich der Adria.

5. *Norwegischer Krebs oder Buchstabenkrebs, Nephrops norvegicus (L.).*

Der norwegische Krebs oder Buchstabenkrebs (auch „Scampi"
genannt) zählt gleichfalls zu den beliebten Speisekrebsen; er wird über

20 cm lang. Sein sehr gestreckter Körper ist nicht glatt, sondern teils
mit Furchen, Leisten und Dörnchen, teils, und zwar stellenweise, mit
dichtem, kurzem Flaum bedeckt, der Stirnstachel schmal und gezähnt.
Die Augen sind dick und nierenförmig, die äußeren Fühler lang und
dünn, die inneren Fühler klein und mit zwei Endfäden versehen, die
großen Scheren sehr lang, von gleicher Breite, mit höckerigen, erhöhten
Leisten und mit kurzen, bezahnten Scherenfingern ausgestattet. Der
Hinterleib weist skulpturartige Furchen und Eindrücke auf, daher auch
der Name Buchstabenkrebs. Seine Farbe ist blaßrot. Bei Norwegen
sehr häufig und auch in der Adria. Sein Fleisch ist schmackhaft und in
den Monaten ohne R am besten. Es werden nur die Hinterleiber (Krebs-
schwänze) verkauft.

B. Krabben, Taschenkrebse oder kurzschwänzige Zehnfüßer, Brachyura

Die Krabben zeichnen sich durch ihren gedrungenen Körper aus,
der oft breiter als lang ist und keine Schwanzflosse aufweist. Der Hinterleib ist vollständig verkümmert, bei den Männchen viel schmäler als
bei den Weibchen und gegen die Bauchseite in eine Vertiefung hinein
umgeschlagen, in der die Weibchen die Eier tragen. Die kurzen Fühler
und gestielten Augen können in eigene Gruben und Vertiefungen an
dem Vorderrande des Panzers zurückgeschlagen werden. Sie haben
meist fünf Paar kräftiger Brustfüße, von denen das eine zu einem
Scherenfuß umgebildet ist. Die Oberseite des Brustpanzers wird bei
einigen Formen zum eigenen Schutze bisweilen von kleinen Algen oder
Gehäusen anderer Seetiere bedeckt (Maskierungskrabben). Für
uns kommt nur der Vertreter einer Familie in Betracht.

Familie der Dreieckskrabben, Oxyrhyncha

Die Dreieckskrabben zeichnen sich durch ihren sehr spitz zu-
laufenden dreieckigen Körper aus. Die Scheren des ersten Beinpaares
sind sehr klein. Viele Formen tragen auf dem Rücken oft eine moos-
artige Bedeckung von Algen und kleinen Tierchen.

Gemeine Meerspinne oder Teufelskrabbe, Maia squinado (Herbst).

Die große oder gemeine Meerspinne (auch Teufelskrabbe genannt)
wird 18 cm lang und 14 cm breit. Der Kopfbrustpanzer ist eiförmig,
stark gewölbt, mit zahlreichen, am Rande stärkeren Höckern und Dornen,
und mit einem zweiteiligen Stirnschnabel versehen. Die langen Beine geben
dem Tiere ein spinnenartiges Aussehen. Seine Farbe ist rötlich. Die
Männchen unterscheiden sich von den Weibchen durch etwas längere
und kräftigere Scherenfüße und durch einen schmäleren Hinterleib.
Das Fleisch schmeckt im April am besten. Im Mittelmeer und besonders
im Adriatischen Meer häufig.

Ähnlich, jedoch kleiner, nur 7 cm lang, ist die warzige Meerspinne, Maia verrucosa M. E., mit einem flacheren, weniger dornigen und mehr höckerigen Kopfbrustpanzer, der meist mit Algen bewachsen ist. Farbe bräunlich.

Weichtiere, Mollusca

Auch die Weichtiere liefern dem Menschen reichlich Nahrungsmittel. Ihr Körper ist im Gegensatz zu den Krebsen weich und ungegliedert, jedoch durch kalkige Gehäuse (Schalen) geschützt, die von einer den Körper umgebenden Hautfalte (Mantel) abgeschieden werden. Diese Gehäuse sind entweder flach, klappenartig und paarig (Muscheln) oder unpaar, meist spiralig gewunden (Schnecken); bisweilen fehlen sie oder finden sich nur als ein Rest im Mantel verborgen (Kopffüßer). Die Weichtiere gehören ebenfalls zu den Kaltblütern und sind vorwiegend durch Kiemen atmende Meeresbewohner. Ein eigentlicher Kopf läßt sich nur bei den höheren Formen (Kopffüßern und Schnecken) unterscheiden. Charakteristisch für viele Weichtiere ist der sogenannte „Fuß", eine unpaare, stark muskulöse Verbreiterung der Bauchfläche, die besonders zur Fortbewegung dient. Die Eingeweide sind in einem sogenannten „Eingeweidesack" eingeschlossen. Die Körperhaut ist schlüpfrig und weich. Alle Weichtiere haben ein sehr leicht verderbliches Fleisch.

Für uns in Betracht kommen nur die höher organisierten Weichtiere, die in drei leicht erkennbare Ordnungen zerfallen:

I. Kopffüßer, Tintenfische, Cephalopoda

Die Kopffüßer sind ohne Zweifel sehr auffällige Weichtiere und ausschließlich Meeresbewohner. Der deutlich gesonderte Kopf, dessen Mund zwei papageischnabelartige Kiefer besitzt, ist von acht bis zehn Fangarmen kreisförmig umgeben, die sowohl zum Kriechen als auch zum Ergreifen der Nahrung dienen. Den bald gestreckten, bald mehr kugeligen Rumpf umschließt eine sack- oder dütenförmige Hautfalte, der Mantel, der bisweilen flossenartige Verbreiterungen aufweist. Aus der Mantelhöhle ragt vorne an der Bauchseite des Rumpfes ein fleischiger Trichter hervor, durch den das Atemwasser der zwei Kiemen stoßweise entleert wird, was auch das Schwimmen nach rückwärts bewirkt. Die Schale ist bei den Kopffüßern bis auf einen Rest rückgebildet und besteht nur mehr aus einem in den Mantel eingebetteten blattförmigen Gebilde (Schulpe). Viele Formen besitzen auch einen sogenannten „Tintenbeutel", der eine dunkelfärbige Flüssigkeit enthält. Die Körperfarbe ist sehr variabel.

Angeführt sei nur die folgende Gruppe:

Zehnfüßer, Decapoda

Mit zehn Fangarmen, wovon zwei meist länger sind, bisweilen jedoch eingezogen werden können, mit gestielten Saugnäpfen, gestrecktem Körper mit seitlichen Flossen und großen Augen.

Hieher gehören mehrere schmackhafte Arten. Ihr Körper ist mehr gestreckt und hat seitliche Flossen. Stets findet sich im Mantel eine hornige oder kalkige Schale (Schulpe).

1. Gemeiner Kalmar, Loligo vulgaris Lm.

Der gemeine Kalmar kann über 50 cm lang werden. Am Kopfe hat er acht kürzere und zwei längere Fangarme. Augen groß, von der Haut bedeckt. Sein Rumpf ist langgestreckt und mit großen breiten Seitenflossen ausgestattet, die hinten zusammenstoßen und eine rhombusartige Fläche bilden. Die Schulpe ist hornig, durchscheinend, so lang als der Rumpf und nach Art einer Vogelfeder geformt, die Körperfarbe fleischrot, mit dichten rötlichbraunen Flecken. Das Fleisch mittelgroßer Exemplare wird geschätzt und schmeckt im Winter am besten. Die Kalmare leben gesellig im Mittelmeer und Atlantischen Ozean.

2. Gemeiner Tintenfisch, Sepia officinalis L.

Der gemeine Tintenfisch, Kuttelfisch oder Sepie wird ohne die ebensolangen zwei Fangarme 30 cm lang. Er hat auch acht kürzere neben den zwei längeren Fangarmen, welch letztere jedoch zurückziehbar sind. Sein Körper ist breit, oval abgeflacht; die Seitenflossen sind schmal und nehmen die ganze Körperseite ein. Im Mantel findet sich eine längliche ovale poröse Kalkplatte oder Schulpe, die früher in der Medizin unter den Namen „os sepiae" als Zahnpulver und Poliermittel verwendet wurde. In der Rumpfhöhle ist ferner ein ziemlich großer Tintenbeutel, von dem er seinen Namen hat und dessen Inhalt als Malerfarbe Sepia in Gebrauch steht. Seine Körperfarbe ist mannigfaltig, meist bräunlichviolett mit lichten Flecken, das Fleisch etwas zäh und süßlich; es schmeckt im Winter am besten. In den europäischen Meeren häufig.

Kleiner und schlanker ist Sepia elegans D'Orb, der nur 10 cm lang wird. Seine Haut ist durchscheinend, Farbe rotbraun. Fleisch zart und geschätzt. In den europäischen Meeren.

II. Schnecken, Gastropoda

Die Schnecken sind kein allgemein verbreitetes Nahrungsmittel, umfassen aber verhältnismäßig zahlreiche Arten, von welchen aber nur die für uns hauptsächlich in Betracht kommenden Arten angeführt sind. Mit Ausnahme von zwei genießbaren Landschnecken gehören die hier in Betracht kommenden Formen zu den Meeresbewohnern, die aber nicht weiter Gegenstand der vorliegenden Ausführungen sind. Das Gehäuse stellt eine kalkige Absonderung des Mantels dar. Der weiche Körper der Schnecken ist meist langgestreckt und kann sich in das Gehäuse zurückziehen. Sie besitzen einen wohlausgebildeten

Kopf und eine sohlenartige Kriechfläche, den „Fuß“. Die Eingeweide sind in einen sogenannten „Eingeweidesack“ eingeschlossen.

Die wenigen Landschnecken, die gegessen werden, gehören zu den Lungenschnecken, Pulmonata, deren Mantelhöhle als Lunge mit enger verschließbarer Mündung entwickelt ist. Sie sind Zwitter und verschließen nur im Winter ihr Gehäuse mit einem Deckel, in welchem Zustande sie auf den Markt gelangen. Die einzige Familie, die hier in Betracht kommt, ist die

Familie der Schnirkelschnecken, Helicidae

1. *Große Weinberg- oder Deckelschnecke, Helix (Pomatia) pomatia L.*

Die große Weinberg- oder Deckelschnecke stellt unsere größte europäische Landschnecke dar. Die glatte Schale ist groß, stumpfkegelförmig, stark abgerundet, etwa ebenso breit wie hoch, mißt etwa 5 cm und hat nur sehr schwache Riefen. Die sehr große und ungefähr kreisrunde Mündung wird im Winter mit einem weißlichen Kalkdeckel verschlossen, in welchem Zustande das Tier auf den Markt kommt. Farbe des Gehäuses bräunlichhornfarben, jene des Tieres schmutzig gelblichgrau. Lebt in Mitteleuropa.

2. *Die Hainschnirkelschnecke, Helix (Tachea) nemoralis L.*

Diese Schnecke ist die kleinste Form der eßbaren Landschnecken. Sie hat ein lebhaft gefärbtes, entweder einfärbig gelbes oder dunkelbraunes, gebändertes und glattes Gehäuse. Der Mündungssaum zeigt eine schwarzbraune Färbung. Mitteleuropa. Wird nur in sehr wenigen Gegenden gegessen.

III. Muscheltiere, Lamellibranchiata (Pelecypoda)

Die äußere Hülle der Muscheltiere bilden zwei kalkige, meist flache Schalen, die am Rücken durch ein elastisches Band zusammen gehalten werden. Ein wohlausgebildeter Kopf fehlt. Zum Öffnen und Schließen der Schalen dienen ein oder zwei starke, quergestellte Muskeln, womit die Tiere an den Schalen angewachsen sind.

Von den vielen Familien kommt für uns nur die Auster aus der Familie der Austernmuscheln, Ostreidae, in Betracht.

Auster, Ostrea edulis L.

Die Auster ist wohl die geschätzteste aller Muscheln. Die Schalen sind sehr unregelmäßig und ungleichklappig, weil eine davon immer eine etwas flachere Form hat als die andere. Man kann die Auster leicht an ihrer stark blätterigen Oberfläche erkennen. Sie erreicht einen Durchmesser von 10 cm. Die Farbe ist graulich oder bräunlich, meist etwas violett überlaufen.

Die eßbare Auster, Ostrea edulis L., die eine rundliche Gestalt und stumpfe Wirbel hat, kommt eigentlich nur im Atlantischen Ozean und in der Nordsee vor, während die Adria mehrere andere Arten besitzt, die sich jedoch nur schwer scharf trennen lassen.

Die eigentliche adriatische Auster, Ostrea adriatica Lm., ist schief-eiförmig und eine kleinere Form. Die Schalen sind etwas flacher und schwächer. Wirbelpartie etwas zugespitzt.

Weitere Arten, die sich im Mittelmeer vorfinden, sind: die gekämmte Auster, Ostrea cristata Born, eine etwas größere Art, deren gewölbte Schale meist mit hohlziegelartig aufstehenden Lamellen bedeckt ist. Mehr vereinzelt findet sich die blätterige Auster, Ostrea lamellosa Brocchi. Ihre Schale baut sich aus vielen Lamellen auf; sehr dick und langgestreckt, bis 10 cm lang. Die manchmal zu uns eingeführte größere nordamerikanische Auster, auch „Blauepunktauster" (Blue point) genannt, ist Ostrea virginiana Gmel. (= rostrata Ch.). Gelegentlich sind nach dem Genusse von frischen, also unverdächtigen Austern schwere Erkrankungen beobachtet worden, deren Ursprung nicht ganz aufgeklärt ist. Vermutlich handelt es sich in der Regel um gesundheitsschädliche Mikroorganismen aus dem Wasser (Typhus- und Paratyphusbazillen, Kolonbakterien u. a.); manchmal mögen auch Toxine eine Rolle spielen. Austern mit klaffender Schale sind abgestorben, daher zum menschlichen Genusse ungeeignet.

Produktions- und Handelsverhältnisse

Der Flußkrebs kommt von April bis Oktober in den Handel. In Oberösterreich mit Rücksicht auf die Schonzeit nur von Juni bis September. Auf den Märkten erscheinen der Fluß- oder Edelkrebs und nur ganz vereinzelt der Stein- oder Bachkrebs und der schmalscherige Sumpfkrebs. Die Versendung der Krebse geschieht gewöhnlich zwischen trockenem Moos oder Holzwolle, gelegentlich auch zwischen Brennesseln, in Körben und Kisten. Gehandelt werden sie nur lebend, und zwar nach Stück. Die Seekrebse gelangen teils lebend, teils in gekochtem Zustande zur Einfuhr. Bemerkenswert ist, daß während der warmen Jahreszeit das Fleisch der lebenden Hummern bei der Versendung ganz locker und „schwappend" wird, wobei der Krebs einen weißen, milchigen Saft von sich gibt; sein Gewicht nimmt hiebei bedeutend ab. Der gekochte Hummer zeigt diese Eigentümlichkeit nicht. Die Hummern und Langusten werden bei uns von Ende Oktober an bis April auf den Markt gebracht, im Sommer ist die Zufuhr mit Rücksicht auf den geringen Bedarf unbedeutend. Die Languste kommt zumeist von den südlichen dalmatinischen Inseln, vom Golf von Biscaya, aus Dänemark über Hamburg und von Ostende, der Hummer vorwiegend von der istrianischen Küste, vielfach auch über Hamburg. Die Tiere werden lebend in Holzwolle verpackt und in Kisten verschickt. Zur selben Zeit gelangen auch die gekochten Langusten aus Frankreich zum Verkaufe. Der norwegische Krebs (S. 146) wird ebenfalls tot, aber nicht gekocht, sondern in Eis gekühlt gehandelt; das letztere gilt auch von den Schwänzen des norwegischen Krebses.

Die Weichtiere, mit Ausnahme der Auster, finden nur in größeren Städten beschränkten Absatz. Den Bedarf an Schnecken, die im Kleinverkehr stück- und schockweise oder nach Gewicht gehandelt werden, decken die sogenannten „Schneckengärten". Schnecken mit nicht geschlossenem Gehäuse sind nicht marktgängig. Die Austern werden sorgfältig geschichtet in Kübeln, ohne Eis, während der kalten Jahreszeit auf den Markt gebracht. Austern mit klaffender Schale sind sofort vom Verkehr auszuschalten. Die bekanntesten Austernsorten sind die Whitestabler- und Colchester Austern. Ihnen folgen die holländischen und amerikanischen Blaupunktaustern (Blue point), welch letztere einen leichten fischähnlichen Geschmack besitzen. Die aus der Adria stammenden Austern sind weniger wohlschmeckend und fett und stehen daher in ihrer Qualität der obigen Ware weit nach.

2. Untersuchung

Die Untersuchung der Krusten- und Weichtiere erstreckt sich auf die zoologische Identifizierung und auf die Feststellung ihrer sanitär einwandfreien Beschaffenheit. Bezüglich der Prüfung auf Unverdorbenheit usw. ist zu bemerken:

Sehr häufig wird dem Gutachter die Frage vorgelegt, ob Krebse „lebend gekocht" oder „im toten Zustande gekocht" worden sind. Sie läßt sich in der Regel an der Hand einer rein empirischen Prüfung beantworten. Während lebend gekochte Krebse die Schwanzflosse eingezogen haben, ist bei schon vor längerer Zeit abgestorbenen und nachher gesottenen Krebsen der Schwanz nicht eingezogen und wie der Ausdruck der Praktiker lautet, „lodderich" („wippend"), das heißt, das bröckelig gewordene Schwanzfleisch läßt sich nicht herausnehmen, ohne zu zerfallen. Ein weiteres wichtiges Moment ist, daß bei lebend gesottenen Krebsen die Augen nach auswärts gerichtet sind und stark hervorstehen, während bei vor dem Kochen abgestorbenen Krebsen die Augen in die Augenhöhlen gesunken sind.

Vom Flußkrebs sind folgende Erkrankungen näher erforscht:

1. Die verheerende Krebspest (durch das Bacterium pestis astaci Hofer hervorgerufen). Sie äußert sich in einem auffallend hochbeinigen Gehen der Krebse, in krankhaften Zuckungen der Beine und der Schwanzflosse und in zunehmender Mattigkeit, die schließlich zum Tode führt. Es kann vorkommen, daß die Erkrankung bei Krebssendungen infolge der durch die Beförderung verursachten Schwächung der Tiere zum Ausbruche kommt, und daß dann plötzlich alle Krebse umstehen.

2. Die Fleckenkrankheit. Sie äußert sich in dem Auftreten schwarzer, bis 1 cm im Durchmesser haltender Flecken. An diesen Stellen wird der Panzer verdickt, weich und bröckelig. Die Ursache ist ein Fadenpilz, Oidium astaci Happich.

3. Parasiten.

a) Der Krebsegel, Branchiobdella parasita Braun, ein 5 bis 12 mm langer Borstenwurm, der an der Oberfläche und an den Kiemen des Krebses oft in außerordentlicher Menge schmarotzt. Der Körper ist zylindrisch und besteht nur aus wenigen, ungleich geringelten Segmenten.

b) Das Distomum isostomum Rud., ein 3,5 mm langer Saugwurm, der frei beweglich in den inneren Organen, sehr zahlreich auch in der Schwanzmuskulatur lebt.

c) Die Thelohania contejeani Henn., ein mikroskopisch kleines Sporozoon, das die Muskulatur des Flußkrebses bewohnt und sie zerstört. Die Muskeln werden dadurch trüb, weißlich oder gelblich.

Eine verwandte Art, die Thelohania octospora Henn., schmarotzt in der Muskulatur der Garneelen.

Gesunder Hummer besitzt nach dem Kochen eine hochrote Schale, verdorbener gekochter Hummer zeigt dagegen eine dunkle Verfärbung an den Schalenrändern, noch ehe er deutlich übel riecht.

Bei den Garneelen kommt ein Schmarotzer (Bopyrus) vor, der seitlich an dem Kopfbruststück eine Beule hervorruft; er ist nicht schädlich.

Bei verdorbenen Austern klaffen die Schalen; die Tiere riechen unangenehm. Frische Austern haben weißes Fleisch, während das Fleisch der verdorbenen Austern „milchig" aussieht. Bei kranken Austern ist ferner die Leber stark vergrößert und dunkel gefärbt. Manche verdorbene Austern zeigen auch einen schwärzlichen Ring in der Innenschale.

Zum Zwecke der Täuschung künstlich gefärbte gemeine Garneelen (S. 144) färben Alkohol beim Kochen rötlich statt goldgelb, wie es bei der Krevette der Fall ist.

3. Beurteilung

Gesundheitsschädlich sind Krusten- und Weichtiere, die sich im Zustande der Fäulnis befinden, dann giftige und infizierte Weichtiere, wie z. B. Austern, die aus verunreinigten Gewässern stammen (S. 151) sowie künstlich gefärbte Krusten- und Weichtiere (S. 143), z. B. Garneelen (S. 144).

Als verdorben hat der Gutachter zu bezeichnen: Schnecken mit nicht geschlossenem Gehäuse (S. 150 u. 152), Austern mit klaffender Schale (S. 151), abgestorbene Flußkrebse sowie nach dem Absterben gekochte Flußkrebse (S. 152) und Hummern (S. 153).

4. Regelung des Verkehrs

Bei der Regelung des Verkehrs mit Krusten- oder Weichtieren ist mit Rücksicht auf die sanitären Gefahren, die der Genuß verdorbener Waren im Gefolge hat, auf eine regelrechte Beschau Gewicht zu legen. Der Verkauf gekochter Krebse außerhalb von Speisewirtschaften sollte verboten werden.

5. Verwertung der beanstandeten Krusten- und Weichtiere

Beanstandete Krusten- und Weichtiere sind zu vernichten.

Experten: Prof. Dr. *Josef Fiebiger* (Tierärztl. Hochschule), Prof. Dr. *Oskar Haempel* (Hochschule f. Bodenkultur), *Franz Hofbauer* (Direktor d. Fischhandels A. G.), Min. Rat Dr. *Ernst Neresheimer* (Bundesministerium f. Land- u. Forstwirtsch.).

Manzsche Buchdruckerei, Wien IX.

Berichtigung

Auf S. 145, 2. Zeile des 3. Absatzes ist der Hinweis „S. 146" einzusetzen.